実践計算物理学

物理を理解するためのPython活用法

野本拓也・是常 隆 [著]
有田亮太郎

22

フロー式
物理演習
シリーズ

須藤彰三
岡 真
[監修]

共立出版

刊行の言葉

　物理学は，大学の理系学生にとって非常に重要な科目ですが，"難しい" という声をよく聞きます．一生懸命，教科書を読んでいるのに分からないと言うのです．そんな時，私たちは，スポーツや楽器（ピアノやバイオリン）の演奏と同じように，教科書でひと通り "基礎" を勉強した後は，ひたすら（コツコツ）"練習（トレーニング)" が必要だと答えるようにしています．つまり，1つ物理法則を学んだら，必ずそれに関連した練習問題を解くという学習方法が，最も物理を理解する近道であると考えています．

　現在，多くの教科書が書店に並んでいますが，皆さんの学習に適した演習書（問題集）は，ほとんど見当たりません．そこで，毎日1題，1ヵ月間解くことによって，各教科の基礎を理解したと感じることのできる問題集の出版を計画しました．この本は，重要な例題30問とそれに関連した発展問題からなっています．

　物理学を理解するうえで，もう1つ問題があります．物理学の言葉は数学で，多くの "等号（=)" で式が導出されていきます．そして，その等号1つひとつが単なる式変形ではなく，物理的考察が含まれているのです．それも，物理学を難しくしている要因であると考えています．そこで，この演習問題の中の例題では，フロー式，つまり流れるようにすべての導出の過程を丁寧に記述し，等号の意味がわかるようにしました．さらに，頭の中に物理的イメージを描けるように図を1枚挿入することにしました．自分で図に描けない所が，わからない所，理解していない所である場合が多いのです．

　私たちは，良い演習問題を毎日コツコツ解くこと，それが物理学の学習のスタンダードだと考えています．皆さんも，このことを実行することによって，驚くほど物理の理解が深まることを実感することでしょう．

須藤 彰三

岡 真

まえがき

　本書は，物理学への応用を念頭においた Python による科学技術計算の入門書である．ここ数十年の間に計算機は爆発的に普及し，いまやわれわれの生活や社会活動の一部になっていると言っても過言ではないだろう．これはひとえに，半導体メーカーのたゆまぬ努力による計算機自体の性能向上に支えられたものであるが，別の要因として，計算科学の専門家でない人でも簡便に使用できるプラットフォームが着実に発展してきたこともあげられる．例えば，従来，科学技術計算においては Fortran や C 言語のような比較的歴史の古い高級言語（現代の感覚では中級とでも呼ぶべきものかもしれないが）が主流であり，初学者にとっては煩雑で難しい，これらの言語をマスターしてようやく研究開発のスタートラインに立てるといった風潮があった．しかしながら，近年目覚ましい発展を遂げる Python や Julia などの新しい高級言語は，平易な言語体系と豊富なライブラリを武器に利便性と速さを両立させることが可能であり，今から計算科学の分野へ足を踏み入れようという人にとってはまさにうってつけのプログラミング言語といえる．

　一方で，科学技術計算に関する参考書の多くは Fortran や C 言語などの使用を念頭においており，その中には最近の言語ではほとんど使用しない，あるいはする必要のないアルゴリズムや概念の解説が多く含まれている．本書では，むしろ「最近の高級言語によって手軽に科学技術計算を行うために必要な知識やテクニックを最短距離で習得する」ことを目標とし，この分野における数多くの良書との差別化を図ることにした．例えば，高速フーリエ変換や数値補完のアルゴリズムなど一般に標準的と思われる内容でも，ライブラリが充実し，その利用の際にユーザーが中身を理解する必要性が低いと判断したものについては思い切って切り捨てた．代わりに，初めて計算機に触れる人を念頭に，通常はあまり含まれないであろう，プログラミング言語そのものやライブラリの基本的な使い方にかなりのページ数を割いている．また，Python で標準的なライブラリである NumPy や SciPy にデフォルトで実装されているアルゴリズムについては，多少高度と思われる内容でも意識して説明を加えるよ

うにしたが，これはアルゴリズムそのものを理解してほしいというよりは，む
しろその概念を理解し，誤った使用や効率の悪い使用を防ぐことが目的であ
る．そのほか，紙面の都合上触れられなかったが有用な手法について，説明を
加えず名前だけを挙げたものも多い．このような不完全な記述は教科書には相
応しくないのかもしれないが，名前だけでも他の教科書や Web ページなどで
独学する際の取っ掛かりになりうるため，あえて残すことにした．最後に，著
者の専門である物性物理学への応用において重要な内容なども含めた結果，全
体的にあまり体系付けられていない雑多な印象の本となってしまったが，それ
でもいくぶんかは当初の目標が達成できたのではないかと期待している．

　本書の構成であるが，第 1 章から第 3 章では本書で用いる Python の基本的
な解説を，第 4 章から第 11 章までの各章では対応する数値計算手法を解説し
ている．すでに Python に慣れ親しんだ読者は前半の章は飛ばしてしまって問
題なく，また第 4 章から第 11 章もそれぞれ独立した内容となっているため，
読者の興味によって個別に参照できる．合計で 32 個の例題と 9 個の発展問題
が付けられているが，これらは理解度のテストというよりは，解答例を参照し
ながら内容に対する理解を深めてもらうことが目的であるため，あまり肩肘
張らずに取り組んでみてほしい．なお，本書に掲載されているコードについて
は，下記で公開されているので適宜参考にしていただきたい．

https://github.com/comp-phys-kyoritsu/codes

　今まで計算機に触れたことのなかった読者が本書を手に取り，気軽に数値計
算に触れるきっかけとなってくれるなら，著者にとってこれほどの喜びはな
い．最後に，本書の草稿を読んで有益な助言をくれた井口純太，齋藤寛人，佐
藤真武，滑川翔太，畑中樹人，増木亮太，渡部友太の各氏および編集委員の岡
真先生に感謝申し上げます．

2022 年 12 月　　　　　　　　　　　　　　　　　　　　　　　著者一同

目 次

1 Pythonプログラミングへの準備

―――《 内容のまとめ 》―――

　本書では計算を実行するプラットフォームとしてPythonを用いる．この章では具体的な計算を行う前の下準備として，Pythonの実行環境を整えよう．すでに自身の実行環境をもっている読者はこの章を飛ばしてもらって構わない．なお，本書の記述はPython3系に準拠する．

Pythonの実行環境

　Pythonにはさまざまな実行環境が用意されており，目的に応じて使い分けることができる．特に便利なものが統合開発環境 (IDE) と呼ばれるもので，プロジェクトの管理や高機能なデバッガなど，開発に有用なさまざまな機能が付属している．また，あとで紹介するようにPythonによる数値計算ではNumPyやSciPyといった既存のライブラリを頻繁に用いる．あとから自分でインストールすることは可能なものの，基本的なライブラリが最初からまとまっている環境のほうが最初は使いやすいだろう．このような開発環境として，ここではAnacondaとGoogle Colaboratory(Google Colab)を簡単に紹介しよう[1]．

　Anacondaは基本的なライブラリやIDEが最初からインストールされている便利なPythonディストリビューションである．インストール方法は簡単

---

[1] Anacondaは2020年9月に規約が変更され，従業員200人以上の事業体での利用は有償化されている．本書刊行時点 (2022年12月) において個人の非商用利用は無償だが，実際の利用に関してはその時点での規約に準拠してほしい．

で，Anaconda のホームページ[2]から自分の使用している OS 用のインストーラーをダウンロードし，実行するだけである．いずれの OS においても，ライセンスの確認やインストール先の設定などを行ったあと Anaconda Navigatorというアプリケーションがインストールされる．これを実行すると，さまざまな Python の実行環境にアクセスできる．例えば，Qt Console を実行するとシンプルで対話形式（インタラクティブ）な Python 環境 (IPython) が起動する．これだけでも十分便利であるが，実際には，Jupyter notebook を起動して Web ブラウザ上で IPython を利用する環境を用いたり，Spyder を起動して IDE を利用するほうが便利であろう[3]．ほかにも，Anaconda には condaによる開発環境の管理機能などさまざまな機能がある．本書を読むうえでは必要ないが，興味のある方は Web ページなどを参照してほしい．

　ローカル PC に開発環境を構築するのでなく，もっと手軽に Python を使いたいという方には Google Colab をおすすめしたい．これは Google クラウド上で使用できる，Colab ノートブックというインタラクティブな実行環境であり，Jupyter notebook の Google クラウド版といったものである[4]．作成したスクリプトを Google ドライブに保存しながら使用する形式で，Anacondaと同様，標準的な科学計算ライブラリは最初から使用できる．実際の計算はGoogle のサーバー上で行われるため，自分の PC の性能に依存することなく計算が実行できるのもありがたい．Google アカウントをもっている人は特別な登録などをすることなく使用でき，Google にログインした状態で GoogleColab のホームページ[5]にアクセスするだけでよい．"ファイル" タブの "ノートブックを新規作成" をクリックすると Colab ノートブックが立ち上がり，Python が実行できる．

Python に触れてみよう

　ここでは Google Colab を使っているものとして，Python の基本的な動作

---

[2]https://www.anaconda.com/products/individual
[3]IDE にはほかにも PyCharm や Visual Studio Code といったものがある．ローカルに開発環境を構築するなら自分好みのものを探してみるのもよいだろう．
[4]Google Colab で作成したファイルの拡張子は ipynb であり IPython Notebook の形式を意味している．このファイルは，そのままローカル環境にダウンロードしてきてJupyter notebook で開くことができる．
[5]https://colab.research.google.com/notebooks/welcome.ipynb

について確認してみよう．最初にノートブック上に

```
print("Hello world")
```

と打ちこみ，実行（左側の三角マークを押す）してみよう．結果として "Hello world" と表示されれば，うまく実行できている．
　次に2行目をインデントして

```
print("Hello world")
    print("Hello world")
```

として実行してみてほしい．"IndentationError: unexpected indent" というエラーで実行できないはずだ．Python ではインデントの揃った部分が1つのブロックとみなされ，異なるブロックは基本的に "キーワード + コロン" で始まる．そして，同じブロックに含まれるはずの文のインデントが異なるとエラーとなって実行できない．例えば，代表的な繰り返し処理である for 文は

```
# シャープ(#)以下の文章は無視される(コメントアウト)
# コードの説明や補足，不要な文を無効化したいときなどに用いる
for i in range(10):
    # rangeは連番を取得する関数．この例では0,1,...,9を取得し，
    # 順番にiに代入することで繰り返し処理をする．
    x = i + 1
    print(x)
```

のような構造をしているが，x = i + 1 と print(x) の前に同じ量のインデントがあることで，この2つの文がどちらも for i in range(10): で始まるブロックに属することを表している．このようにインデントでブロックを表現する方法をオフサイドルールと呼び，Python の特徴の1つとなっている．
　Python にはほかのプログラミング言語と同様，きちんと理解し適切に利用

するために知っておくべき概念やルールが数多く存在する．また，使用上の問題はないが，好ましいコーディングに関する規約として Python Enhancement Proposal 8 (PEP8) というものも存在する[6]．本書では Python を使った数値計算に必要と思われる最低限の内容のみ解説するが，より詳しくは巻末にあげた参考書 [1] などを参照されたい．

---

[6]例えば，前述のインデントの量に厳密な決まりはないが，PEP8 では半角 4 スペースが推奨されている．詳しくはドキュメント (https://pep8-ja.readthedocs.io/ja/latest/) を参照されたい．

2 Pythonの基礎
−基本的なルール

---《 内容のまとめ 》---

　この章では，Pythonの基本的なルールや構文について学ぶ．この章を読むことで，Pythonで扱うデータの種類や演算，条件分岐や繰り返し処理，関数の定義や使用方法など，Pythonの基礎が身につくだろう．簡単なプログラムであればこの章の内容だけで組むことができる．Pythonについての基礎知識をすでにもっている読者は，この章を飛ばしてもらって構わない．

データ型−数値，真偽値，文字列

　Pythonで取り扱えるデータは，基本的に数値，真偽値，および文字列の3種類で，これらはデータ型と呼ばれる[1]．変数とはこれらのデータに紐付けられるラベルで，例えば

```
x = 12      # xを整数(int)型変数として定義.
            # 12.あるいは12.0とすると浮動小数点(float)型,
            # 12+0jとすると複素数(complex)型となる(jは虚数単位).
            # 数値型はint, float, complexの3種類.
y = True    # yを真偽値(bool)型変数として定義.
            # bool型はint型のサブクラスでTrue=1, False=0と同じ.
```

---

[1]Pythonのデフォルトで使用できるこれらの型は，特に組み込み型と呼ばれる．厳密には，Pythonで取り扱う対象はすべてオブジェクトと呼ばれ，データ（属性とも呼ぶ）とメソッドをもつ．データはID，型および値で構成されるため，オブジェクトはすべて何らかの型に属している．型はtype関数で取得できる．

```
z = "PC"   # zを文字列(str)型変数として定義.
           # " "や' 'で囲うとstr型として認識される.
```

のようにして使用される. 変数名（上の例では x, y, z）は基本的に何でも
よいが，予約語と呼ばれる特別な単語（True, False, for など）は使用する
ことができない. また，Python には定数を定義する構文がないため，PEP8
では定数的な意図をもって定義する場合には，変数名をすべて大文字とするこ
とを推奨している.

　データ型にはそれぞれ演算子が定義されており，例えば，数値型に対する算
術演算子としては

```
x = 3 + 2      # 加算
x = 3 - 2      # 減算
x = 3 * 2      # 乗算
x = 3 / 2      # 除算（実数除算）
x = 3 // 2     # 除算（整数除算の商）
x = 3 % 2      # 除算（整数除算の余）
x = 3 ** 2     # べき乗
```

などが用意されている[2]. このうち，加算演算子 (+) は文字列型についても定
義されており，文字列の結合を表す. 一方，論理演算子 and, or, not は通常
真偽値型に対して用いられ，それぞれ論理積，論理和，否定を表す. 例えば，

```
True and False # → False
True or  False # → True
not False      # → True
```

であり，条件分岐処理などで頻繁に用いられる. Python ではほかにも比較演
算子，ビット演算子，シフト演算子など，さまざまな演算子が登場するが，本

---

[2]除算の演算子/は Python2 系と Python3 系で異なる結果を返すので注意. 2 系では
3/2=1 (整数同士の除算では商) となるのに対し，3 系では 3/2=1.5 となる.

書で使用するものはその都度解説を加える.

さて,異なるデータ型の間の演算は基本的にエラーとなるが[3],**型変換**(キャスト)によってデータ型を変えることで演算可能な場合がある.例えば

```
name = "Python"
age = 32
print("My name is " + name + ". I'm " + age + " years old.")
```

とすると "TypeError: can only concatenate str (not "int") to str" となり実行できないが,最後の行を

```
print("My name is " + name + ". I'm " + str(age) + " years old.")
```

と書き換えてやることできちんと実行できる.ここで str() は文字列型へのキャストを行う関数である.同様に,数値型へのキャストは int() や float() を,真偽値型へのキャストは bool() を用いて行うことができる[4].

データ型–リスト,タプル,集合,辞書

Python のデータ型には,上であげた基本的なデータ型を要素とする複合的な型(コンテナ型)が存在する[5].この中で特によく使われるリスト,タプル,集合,辞書について紹介しよう.

— リスト: リストは他言語で配列と呼ばれるものに近いデータ型で,カンマで区切られた要素を鉤括弧 [ ] で囲むことで表現される.例えば

```
x = [1, 2, 3]
y = ["Hello", " ", "world"]
```

---

[3]異なるデータ型間の演算がきちんと定義されている場合もある.例えば,文字列型と整数型の間の乗算演算子 (*) は反復として定義されている ("xyz"*3 → "xyzxyzxyz").

[4]Python のデフォルトで使用できるこれらの関数は,組み込み関数と呼ばれる.関数についての詳細は 11 ページを参照.

[5]あとで述べるように,文字列型は文字を要素としたコンテナ型とみなされる.

とすると，整数の 1, 2, 3 を含む数値のリスト x および文字列 Hello, (blank)，world を含む文字列のリスト y ができる．リストにはどんなデータ型でも入れることができ，また，異なる種類のものを混ぜて [1,2,"world"] などとすることもできる．リストの要素には [(index)] でアクセスできる[6]．Python はインデックスの始まりが 0 であり，例えば上の例で print(x[0]) とすると，1 が出力される．そのほか，リストを用いた基本的な演算や操作として，

```
x + y              # リストの結合→ [1,2,3,"Hello"," ","world"]
len(x)             # リストの長さの取得→ 3
2 in x             # リストに要素が含まれるか→ True
x[0] = "A"         # xの0番目の要素を"A"に書き換える
x.append("X")      # xの最後に"X"を追加
for a in x:        # リストの要素で繰り返し処理をする
    print("a=", a) # → a=A, a=2, a=3, a=Xと連続して出力される
```

をあげておこう．ここで，5 行目の append というのはリスト型変数に紐付いた関数で，このような関数を特にメソッドと呼ぶ（"変数名. メソッド名"で呼び出す）[7]．リストは非常な柔軟で汎用性の高いオブジェクトであるが，C 言語や Fortran の配列とは異なり数値計算に用いるのには適していない．詳しくは次章を参照．

— タプル：タプルはリストと似たオブジェクトで，カンマで区切られた要素で表現される．例えば

```
t = 1,2,3
```

などと使用されるが，紛らわしいときは丸括弧（ ）で囲んで t=(1,2,3) としてもまったく同じものを表す．要素の取得や結合などリストと同様に行うことができるが，重要な違いとして一度作成されたタプルは修正できない．

---

[6]このような型をシーケンス型と呼ぶ．また，シーケンス型の特定の要素を指定することをインデキシング，要素の部分集合を取り出すことをスライシングと呼ぶ．

[7]厳密にはインスタンスメソッドと呼び，クラスメソッドやモジュールオブジェクトのメソッドと区別される．本書では断りがない限り前者をメソッド，後者を関数と呼び分ける．

```
t[0] = "A"          # エラー
t = "A", 2, 3       # これはタプル自体の再定義であるから可能
```

このような性質をイミュータブル[8]と呼ぶ．この性質により，タプルはリストと異なり，以下で示す集合の要素や辞書型のキーとして用いることもできる．そのほか，タプルがよく使われる例として

```
a, b = 1, 2         # 複数の変数の初期化
b, a = a, b         # 変数値の交換
```

をあげておこう．ちなみに，文字列型もイミュータブルなオブジェクトであり，定義される操作やメソッドもタプルと等しい．つまり文字列型は要素が文字に限定されたタプルとみなせる．

— 集合: 数学の意味での集合を表すオブジェクトで，例えば

```
s1 = {1,2,3}        # {}で囲むと集合として定義される
s2 = set([3,1,5])   # リストから作ることもできる
```

などと定義する．ビット演算子のうち，論理和 (|)，論理積 (&)，排他的論理和 (^) を，集合論の意味での和，積，対称差として使用することができ，例えば

```
s1 | s2     # → {1,2,3,5}
s1 & s2     # → {1,3}
s1 ^ s2     # → {2,5}
```

などとなる．集合にもさまざまな使い方が考えられるが，例えば，以下のようにしてリストから重複要素を取り除くことができる．

---

[8]正確には，オブジェクト ID を変えず，値だけを変更できない性質のことをいう．

```
l = [1,3,4,5,3,7,5]
list(set(l)) # → [1,3,4,5,7]
```

— 辞書: キー (Key) とバリュー (Value) のペアを保持するデータ型[9]. 以下の
ように定義や呼び出し，変更，追加などができる.

```
d = {"h":6.626e-34, "c":0}  # {"key1":value1, …}のように書く
print(d["h"])               # Key="h"のValueの取得
d["c"] = 2.998e+8           # Key="c"のValueを変更
d["e"] = 1.602e-19          # {"e":1.602e-19}の要素を追加
for key, value in d.items():
    # itemsメソッドはkeyとvalueの組を取得. 反復処理に用いられる
    print(key, value)
```

本格的な数値計算よりもむしろデータ処理によく用いられる．うまく使用する
ことでプログラムの可読性を大きく向上させることができるだろう．

　ここであげたコンテナ型の性質を簡単にまとめると表 2.1 のようになる．反
復は for 文などでの繰り返し処理が可能かどうかを表す．それぞれの用途に
よって，適切なものを使用してほしい．

表 2.1: 各コンテナ型の性質のまとめ

	文字列	リスト	タプル	集合	辞書
変更	×	✓	×	✓	✓
順序の保持	✓	✓	✓	×	×
要素の重複	✓	✓	✓	×	× (バリューは可)
反復	✓	✓	✓	✓	✓ (メソッドを使用)
要素の種類	文字	任意	任意	イミュータブル	キー/バリューの組

---

[9]このようなデータ構造をハッシュテーブルと呼ぶ．キーに使われるオブジェクトは辞書
が存在する期間変更されてはいけないので，イミュータブルである必要がある．集合の要素や
辞書型のキーとして使用できるオブジェクトをハッシュ可能オブジェクトと呼ぶ．

関数

　ほかのプログラミング言語と同様，Python ではよく使用する処理を関数という形で定義し，繰り返し利用することができる．これまで出てきた print や list などは特に定義せず使用できたが，ユーザーの望んだ処理を関数として使用したい場合，まずはその関数を定義する必要がある（ユーザー定義関数）．

　例として，2 つの変数を足すだけの単純な関数 user_sum() を考えよう．

```
def user_sum(x, y):
    ans = x+y
    return ans
```

最初の行の () 内の変数 x, y を関数の引数，最後の行の ans を関数の戻り値と呼ぶ．繰り返し処理の場合と同様，def user_sum(x, y) のあとのコロンと次の行からのインデントは関数のブロックを表す大事な要素であるから，忘れてはならない．一度定義した関数は次のように使用できる．

```
user_sum(2, 3)          # → 5
ans = user_sum(1, 7)    # ansに8を代入
```

Python では引数の型を指定しないため，同じ関数で次のような使い方もできる．

```
user_sum("Computational", "Physics") # → "ComputationalPhysics"
ans = user_sum([1,2,3], [4,5])       # ansに[1,2,3,4,5]を代入
```

より複雑な例として，関数そのものを引数とすることもできる．例えば，

```
def ope(func, vals):
    return func(vals[0], vals[1])
```

```
ope(user_sum, [3,4])
```

このような柔軟性は Python の強みの 1 つだろう.

また, 関数の引数には, デフォルトの値を設定することもできる[10]. 例えば,

```
def func(x, y=1, z=2):
    return z * (x + y)
ans = func(3, 4, 5)      # ansに5*(3+4)を代入
ans = func(3)            # ansに2*(3+1)を代入
ans = func(3, z=-1)      # ansに-(3+1)を代入
ans = func(3, z=1, y=2)  # ansに1*(3+2)を代入. 順番は変更可
ans = func(3, y=2, 1)    # エラー
    # 一度引数を指定したら, その後の引数は全て指定しなければならない
```

のように動作する. あとで述べるように, NumPy や SciPy などのライブラリに含まれる関数にはデフォルト値が設定されている引数が多い. この場合, デフォルト値から変更したい引数だけ指定することで, 手軽に関数の振る舞いを制御できる. ちなみに, 関数の定義には def 文を用いる方法のほかに, ラムダ式を用いる方法も存在する. def 文を用いるほどではない単純な動作を定義したい場合に用いられ, 例えば,

```
func = lambda x, y=1, z=2: z*(x+y)
```

のように定義すると上の def 文で定義した関数と同じように使用できる[11].

最後に, 関数の定義に関して, より実践的な例を 1 つ紹介しよう. 適当な関数 (sub_func) とそこに渡す引数を同時に引数にとる関数 (func) を定義し

---

[10]このような引数はオプションパラメータと呼ばれる. ミュータブルなオブジェクトをデフォルト値に設定すると, 処理によっては呼び出しごとにデフォルト値が更新されていってしまうので, 注意が必要.

[11]ラムダ式は無名関数として用いることもでき, 関数の引数に直接渡すことができる. PEP8 では, 名前をつける場合には def 文を使用することを推奨しているが, 本書では必ずしもこれを遵守しない.

たいとする．このとき，例えば，

```python
sub_func1 = lambda x: x
sub_func2 = lambda x, a: a * x
sub_func3 = lambda x, a, b: a * x**2 + b * x
```

のように，異なる数の引数をとる関数についても同じように動作するためには，どのように定義すればよいだろうか？　このような場合，例えば

```python
def func(sub_func, x, args=()):
    # args=()で空のタプルをargsのデフォルト値に設定
    ans = sub_func(x+1, *args)    # 適当な演算
    return ans
```

と定義することで，

```python
res1 = func(sub_func1, 5, ())       # ()は書かなくてもよい
res2 = func(sub_func2, 5, (1,))     # (1,)のカンマに注意
 # タプルを定義するのは丸括弧でなく，あくまでもカンマである
res3 = func(sub_func3, 5, (1, 2))
```

のように用いることができる．ここで，＊（アスタリスク）はタプル args を分解してそれぞれの要素に分ける働きをしてくれる[12]．このような汎用関数の定義手法にはさまざまなものがあるので，覚えておくと便利だろう．

変数のスコープ

　すでに述べたように，Python では関数や繰り返し処理の際，コロンとインデントで表されるブロックを作る．ブロック内で宣言された変数の有効範囲はそのブロック内に制限され，この範囲のことをスコープと呼ぶ．例えば，以下

---

[12]このようにシーケンス型の要素を分解する動作をシーケンスアンパッキングと呼ぶ．逆に *args を関数の引数に指定することで複数の要素をタプルにパックすることもでき，このとき *args は可変長引数と呼ばれる．同様にキーワード引数 **kwargs もよく用いられる．

のようなコードを考えよう.

```
a = 10
def func():        # 引数や戻り値のない関数を定義することもできる
    print(a)
    j = 20
func()             # → 10が表示される
print(j)           # エラー
```

ここでは,変数 j のスコープが関数 func 内に限られているから,関数の外で j を使用することはできない.このような変数をローカル変数と呼ぶ.一方,最初の行の a のように関数の外で定義された変数はグローバル変数と呼ばれ,関数の中でも外でも使用できる[13].グローバル変数の有効範囲はグローバルスコープと呼ばれ,その変数が定義されたモジュール内すべての領域である[14].

変数の参照とオブジェクト ID

　この章の最初に,変数とはデータに紐付けられるラベルであると述べた.これについて詳しく見るために,以下のコードを実行してみよう.

```
a = [1,2,3]
b = a
b[1] = 4
print(a)
```

変数 a が [1,2,3] から [1,4,3] に変更されているのがわかっただろうか? プログラミングに馴染みのない読者にとっては,これは意外な挙動だろう.

---

[13]この例のように,各スコープ内で変数名とデータの間に対応関係がある.この対応関係のことを名前空間と呼び,ローカルスコープに対応する名前空間をローカル名前空間,グローバルスコープに対応する名前空間をグローバル名前空間と呼ぶ.通常,ローカルスコープからグローバル名前空間の変数を変更することはできないが,global 文を用いることで変更できる(スコープ拡張と呼ばれる).

[14]モジュールとはコードが書かれている ".py" ファイルのこと.詳しくは第 3 章を参照.

これを理解するには，メモリ上にデータがどのように格納され，どのように呼び出されるかをイメージすることが重要である．まず，1行目の a = [1,2,3] という操作が実際に行っていることを考えよう．Python の実装上，この操作は以下の2つのステップからなっている:

－メモリ上に [1,2,3] というリストを作成する．

－メモリ上にそのリストを指し示す場所を作り，a というラベルをつける．

ここで，a がリストそのものではなく，リストを指し示す場所のラベルである点に注意してほしい．2行目の操作が行うことは，a と b を同一視する，すなわち

－リストを指し示す場所に，b というラベルも加える．

ということである．したがって，この段階で b と a はどちらもリスト [1,2,3] を指し示す場所を表しており，b[1] と a[1] はメモリ上のまったく同じ場所を参照することになる．ここで3行目のように b[1] を置き換えると，b[1] と a[1] が共有する番地の情報が書き換えられるため，b だけでなく，a にも影響を与えてしまうわけである[15]．これに対して，

```
a = [1,2,3]
b = a
b = [3,2,1]
print(a)
```

を実行してみると，b の変更が a に影響していないことが確認できる．これは3行目の b = [3,2,1] でメモリ上に新しく [3,2,1] というリストが作成され，その先頭位置を指す場所のラベルとして b が再定義されるためである．このとき a と b は完全に独立なオブジェクトとなり，値の変更は互いに影響を及ぼさない．Python では変数が紐付けられたメモリ上の番地はオブジェクトの ID と呼ばれ，関数 id で確認できる．

---

[15]Python のリスト型は各要素の型が一定でないため，C 言語や Fortran の配列のように，メモリ上で要素が連続して配置されていない．したがって，連続した要素の呼び出しにも時間がかかり，リストが数値計算に向かない理由の1つとなっている．あとで紹介する numpy.ndarray クラスなどはこの点が解消されており，C 言語を介した実装により高速度な計算が実現されている．

```
a = [1,2,3]
b = a
print(hex(id(a))) # hex関数は16進数への変換
print(a is b)     # オブジェクトIDの比較には比較演算子isを使う.
```

リストでなく，ただの数値型を用いる場合でもこの事情は変わらないが，b[1] = 2 のように変数のオブジェクト ID を変えずに値だけ変更する操作ができない（つまりイミュータブルである）ため，上のような問題は生じない[16]．

　ここまで読んだ人は，次の関数の挙動も十分に理解できるだろう．

```
def func(a):
    a[1] = 4
a = [1,2,3]
func(a)
print(a)    # → [1,4,3]
```

同じことを，数値を引数にしたらどうなるか，確認してみてみよう．

条件分岐と繰り返し処理

　Python に限らず，プログラミング言語の基本処理は条件分岐と繰り返しである．Python では条件分岐として if 文[17]，繰り返し処理としては for 文と while 文が実装されている．これらは，例えば以下のように使用する．

```
for i in range(10):
    if i % 2 == 0: # if 条件式:の形で用いる. Trueなら以下を実行
        print(i, "even number")
    else:           # Falseなら以下を実行. elif文で複数分岐も可能
```

---

[16] ミュータブルな複合オブジェクト（リストの中にリストを含むようなオブジェクト）をコピーする際には特に注意が必要で，いわゆる浅いコピーと深いコピーの違いが生じてくる．本書では扱わないが，詳細は巻末の参考書 [1] などを参照してほしい．

[17] 似た機能として例外処理（try 文）があるが，本書では扱わない．

```
    print(i, "odd number")
```

動作を確認すればコードの意味は明らかであろう．if 文中の == は比較演算
子と呼ばれ，左側の値 (i % 2) と右側の値 (0) が等しければ True，そうでな
ければ False の真偽値を返す演算子である．代表的な比較演算子として

```
x == y          # x と y が等しい
x != y          # x と y が等しくない
x <  y          # x は y よりも小さい
x >  y          # x は y よりも大きい
x <= y          # x は y と等しいか小さい
x >= y          # x は y と等しいか大きい
x in y          # x が y に含まれている
x not in y      # x が y に含まれていない
```

をあげておこう．比較演算子の戻り値は真偽値であるから，not，and，or な
どの論理演算子と組み合わせて用いることもできる．

　繰り返し処理には for 文のほかにも while 文が存在する．

```
count = 0
while count < 10: # while 条件式:の形で使用．Trueなら以下を実行
    print(count)
    count += 1
    # += は累算代入演算子．この場合は左辺と右辺の和を左辺に代入
    # -=, *=, /=なども同じように用いることができる
```

for 文や while 文での繰り返し処理を途中で中断したい場合は，continue 文
や break 文を用いる．

```
for i in range(10):
    if i % 2 == 0:
```

```
        continue # 以降の処理をスキップ，次のループ先頭まで飛ぶ
    print(i)
    if i == 5: break # 繰り返し処理のブロックを抜ける
    # for, if, def 文などは処理が1行であれば，行を分けなくてよい
```

また，for 文の別の使い方として，リストの作成にも用いることができる．

```
a = [i for i in range(3)]              # リスト[0,1,2]を作成
a = [i**2 for i in range(5) if i%2==0] # if文と組み合わせも可能
```

このような書き方はリスト内包表記と呼ばれる．

　さて，ここでは for 文による繰り返し処理の例として，range 関数を使ったもののみ取り上げたが，リストやタプルなどのオブジェクトに対しても繰り返し処理が可能である[18]．また，以下のようにそれらを加工する関数もあるので，覚えておくと便利であろう．

```
shape = ["Triangle", "Square", "Circle"]
color = ["Red", "Green", "Blue"]
for i, c in enumerate(color):  # iに0,1,2を，cにcolorの内容を
    print(i, c)                # 順に渡して繰り返しを行う
for s, c in zip(shape,color):  # sにshapeの内容を，cにcolorの
    print(s, c)                # 内容を順に渡して繰り返しを行う
import itertools
for s, c in itertools.product(shape, color):
    print(s, c)
```

---

[18]このようなオブジェクトを反復可能オブジェクトと呼ぶ．本来，for 文で使用できるオブジェクトはイテレータと呼ばれる反復処理用のオブジェクトだけだが，反復可能オブジェクトは for 文で呼ばれた際に対応するイテレータを返すため，そのまま使用できる．以下で紹介する enumerate 関数や zip 関数などは戻り値そのものがイテレータである関数．

最後の `itertools.product` では何が起こるか確認してみよう[19].

　一見，`for` 文や `while` 文は数値計算で必須なもののように思われるが，実は，これらの構文はできるだけ使わないほうがよい．あとで紹介するように NumPy や SciPy などの優れたライブラリを使って，できるだけ `for` 文や `while` 文を避けるのが Python で速く読みやすいコードを書く基本となる．

ファイル操作

　データファイルをインプットとして Python に読み込ませたり，Python で処理したデータを別のファイルに書き出したりというのも，Python の基本的操作の1つである．Python でファイルを開くには open 関数を用いる．open 関数の戻り値はファイルオブジェクトと呼ばれる型であり，

```
f = open("filename","r") # 読み込み用に開く
f = open("filename","w") # 書き込み用に開く
f = open("filename","a") # 追記用に開く.
```

などと定義する．例えば，書き込み用として開く場合は以下のようにする．

```
# from google.colab import drive
# drive.mount("/content/drive/")
# %cd /content/drive/My Drive
# Google Colabを使用していて, Googleドライブのマイドライブ下に
# ファイルを作成したい場合は上の3行を有効にする. 最初の実行の際,
# ドライブへのアクセス許可を求められるため, 許可する
f = open("test.txt","w")
f.write("Hello World\n")    # 文字列を書き込む. \nは改行を表す
f.write("Hello {0}, {1}\n".format("Tokyo","Japan"))
f.close()    # openしたファイルは最後にcloseで閉じる必要がある
```

---

[19] import 文やライブラリについては第3章を参照．`itertools` にはほかにも便利な関数が多数収録されている．少し複雑なループを回したいときは使えるものがないか探してみるとよいだろう．

format メソッドは出力の書式指定をする際によく用いられる．close メソッ
ドによるファイルの閉じ忘れを防ぐため，with 文の使用も推奨されている．

```
with open("test.txt") as f:      # open関数のデフォルトは"r"
    for line in f:                # 1行ずつ読み込む
        print(line.rstrip())     # rstrip()で文字列の右端を削除
# with文が終了する際, 開いたファイルは自動的にcloseされる
```

このように，基本的なファイル処理は組み込み関数で十分行うことができ
るが，大規模で規則的な数値データ（例えば行列データなど）を扱う際には
NumPy などの外部ライブラリ内の関数を用いたほうが圧倒的に速い[20]．

クラスの基礎

　Python を使って大きなプログラムを書こうとしたとき，とても便利な概念
がクラスである．本書で紹介するような小規模なプログラムでは，あえてクラ
スを作る必要はないが，numpy.ndarray などさまざまな外部クラスを自由に
扱うという面でも，最低限のことは知っておいたほうがよいだろう[21]．

　クラスの定義は以下のような構文で行い，

```
class Person:                      # Personというクラスを定義
    def __init__(self, name):      # インスタンス化の際に実行される
        self.name = name
    def __repr__(self):            # print文での出力結果を指定
        return "Name : "+str(self.name)+",  Age : "+str(self.age)
    def set_age(self, age):        # age変数を設定するメソッド
        self.age = age
```

以下のように呼び出して使う．

---

[20]例えば，NumPy だと loadtxt 関数や savetxt 関数がそれにあたる．より大規模な
データを扱う場合は，load 関数や save 関数によりバイナリ形式での入出力もできる．
[21]これまで見てきた整数，リスト，辞書といったオブジェクトもすべてクラスとして定義
されている．組み込み関数 help を用いて，help(int), help(list), help(dict) などとす
ればそれぞれのクラスにどのようなメソッドが定義されているかをみることができる．

```
TP = Person("PhysicsTaro")        # クラスのインスタンス化.
TP.set_age(30)                     # メソッドの呼び出し
print(TP)                          # __repr__ で指定された出力をする
print(TP.name, TP.age)             # メンバ変数を直接呼び出す
```

いくつか説明の必要があるが，まずクラス上で関数が定義できることに注目しよう．このような関数（メソッド）には2種類あり，__init__のように__記号で挟まれたものと，そうでないものとがある．前者は特殊メソッドと呼ばれ，それぞれ固有の役割を担っている（例えば，__add__や__sub__を用いてクラス間の和 (+) や差 (-) を定義することもできる）．後者は通常のメソッドで自由に自作の関数を組み込むことができる．次に self という変数だが，これはPerson クラスを呼び出したときの変数（インスタンス）自身を指しており，基本的にすべてのメソッドの第一引数とするだけでなく，呼び出しの際にも明記しない[22]．クラスの定義の中で "self. メソッド名" や "self. 変数名" などとしたものを，呼び出されたあとで "変数名. メソッド名" などと用いる[23]．クラスについての詳細は巻末の参考書 [1] などを参照してほしい．

---

[22]クラスに紐付けられた変数のことを特別にインスタンスと呼ぶ．また，同様に変数の定義をインスタンス化と呼ぶ．この意味では a = [1,2,3] などもリストクラスのインスタンス化なのであるが，これは単に変数と呼ばれることが多い．これらについては，あまり厳密な呼び分けはされていないようである．

[23]インスタンス化していないクラスから直接メソッドを呼び出したい場合には@classmethod などを用いる（@ はデコレータと呼ばれる）．詳細は文献 [1] などを参照.

重要度
★★★★★

3 Pythonの基礎 –ライブラリ

《 内容のまとめ 》

　この章ではライブラリの基礎について学ぶ．ライブラリについての基礎知識が得られるほか，科学技術計算でよく用いられる NumPy や SciPy などのライブラリの使い方の基本が身につくだろう．ライブラリの使用によりプログラミングの敷居は格段に下がり，興味ある問題に取り組むための障壁が取り除かれる．この章も自身の知識に応じて適宜参照してほしい．

ライブラリの基礎

　Python である程度の長いプログラムを書く場合，XXX.py のような適当なスクリプトを作成し，実行したい内容を保存することが多い[1,2]．この保存された XXX.py ファイルは，ほかの Python プログラムから呼び出して使うことができ，これをモジュールと呼ぶ．厳密な決まりはないが，通常 1 つのモジュールは，数種類のクラスや関数などを含み，あまり膨大にならないようにすることが多い．モジュールを複数束ねて管理するには，単に複数のモジュールを 1 つのフォルダにまとめておけばよく，これはパッケージと呼ばれ

---

[1] スクリプト名は自分の好きなものでよいが，注意点として標準ライブラリ名として使用されているもの（例えば math.py や random.py など）は極力使用しないほうがよい．PEP8 では，英小文字かつスネークケース（単語と単語の間を"_"で区切る形式）を推奨している．

[2] Google Colab を使用している場合は.ipynb 形式だが，"ファイル" → "ダウンロード" → ".py をダウンロード"でローカル PC に対応する.py ファイルをダウンロードできる．

る（フォルダの下にフォルダがある場合はサブパッケージと呼ばれる）．ライブラリとはこのようなモジュールやパッケージそのものを指したり，あるいはいくつかのパッケージをまとめてインストールできるようにしたものを指す．

パッケージやモジュールの呼び出しには，`import`文を用いる．かなり柔軟な書き方にも対応していて，NumPy の呼び出しを例にとると

```
import numpy          # numpyパッケージを読み込む
import numpy as np    # numpyパッケージをnpという名前で読み込む
from numpy import random
    # numpyパッケージの中のrandomモジュールを読み込む
import numpy.random
    # 同じモジュールをnumpy.randomという名前で読み込む
from numpy import *  # numpyパッケージの全モジュールを読み込む
```

などである．最後のやり方は便利ではあるものの，変数名の上書きなどが容易に起こるため，あまり推奨されない．

Python には，デフォルトで用意されている標準ライブラリと，個別にインストールしなければならない外部ライブラリが存在する．NumPy や SciPy は本来外部ライブラリであるが，Anaconda や Google Colab を使っている場合は最初からインストールされているため，あまり違いは感じないだろう[3]．

標準ライブラリ

Python の標準ライブラリについては Python 公式ホームページ[4]の第 10 章と 11 章（標準ライブラリミニツアー）が詳しい．さまざまな処理に使える便利なライブラリが多数収録されているが，数値計算で必須なものは少ない．ここでは，プログラムの実行速度を計測する手法をいくつか紹介するのに留めておこう[5]．

---

[3]Google Colab を使用している場合で NumPy や SciPy のインポートができなかった場合は，`!pip install numpy` や `!pip install scipy` を最初に実行してみてほしい．

[4]https://docs.python.org/ja/dev/tutorial/index.html

[5]Python は実行速度の遅い言語と評されることも多いが，適切に使用すればかなりの速度を出すことができる．本書でもいくつかのテクニックを紹介するが，きちんと学びたい人は文献 [5] などを参照してほしい．

代表的なものとして，time モジュールの使用があげられる．例えば，

```
import time
t1 = time.time()              # 処理前の時刻の取得
for i in range(1000000):      # 計測したい処理
    i ** 10
t2 = time.time()              # 処理後の時刻の取得
elapsed_time = t2-t1
print(elapsed_time)           # 経過時間を表示(sec)
```

のように使用できる．timeit というベンチマーク用のライブラリもあり，これを用いるなら，

```
import timeit
def func(): # 計測したい処理を関数化する
    for i in range(1000000):
        i ** 10
time = timeit.timeit("func()", globals=globals(), number=1)
 # 第一引数は処理する関数を文字列で渡す．numberで処理回数を指定
 # globalsは名前空間の指定で関数を認識させるために必要
print(time)
```

などとする．Google Colab などの IPython 環境を使用している人は，マジックコマンド (%%) を用いて[6]，

```
%%timeit
for i in range(1000000):      # 計測したい処理
    i ** 10
```

---

[6]マジックコマンドは IPython 環境で利用できるコマンドで，先頭に%のつくラインマジックと%%のつくセルマジックがある．

とするだけで処理速度を計測してくれるため，覚えておくと便利である．処理
が一瞬で終わってしまい，正確に計測できない場合は，自動で適当な回数実行
し，その平均を出してくれる．

　本書でその必要性は生じないが，比較的大きなプログラムを組む場合，ど
の処理が計算のボトルネックになっているかを知ることはたいへん重要であ
る．上で述べた time や timeit モジュールを用いて一つひとつ調べてもよい
が，cProfile という便利なモジュールがあるので，紹介しておこう．使い方
は timeit モジュールと似ていて，普通に import する方法なら，

```python
import cProfile
def func():        # 計測したい処理を関数化する
    def func1():
        for i in range(3000000): i**2
        # 中身が1行であれば，このように改行を省いてもよい
    def func2():
        for i in range(100000): i**2
    func1()
    func2()
    func2()
cProfile.run("func()")     # run関数に処理を渡して実行
```

などとすればよく，マジックコマンドを用いるならコードの最初に %%prun を
加えて func() 内を実行する．実行すると，それぞれの関数が呼び出された回
数や処理にかかった時間を計測して出力してくれる[7]．

NumPy

　数値計算を効率的に行うために NumPy は必須のライブラリといってよい
だろう．行列やベクトルなどを表現する ndarray クラスにはさまざまなメソ

---

[7]このようにプログラムが実行される様子を監視し，プログラム中の各箇所の動作や実
行時間などを計測・解析するツールをプロファイラと呼ぶ．Python の標準ライブラリに
は cProfile のほかに profile というプロファイラが存在するが，標準的な利用に関しては
cProfile でよいだろう．使い方の詳細は文献 [3, 5] などを参照してほしい．

ッドや演算が定義されており，ほかの外部ライブラリでも ndarray クラスを標準的な入出力オブジェクトとするものが多い．概要を知るには，NumPy ホームページのユーザーガイド[8]を見るとよいが，NumPy や次に紹介する SciPy を用いたデータ分析・数値計算に関する参考書は多数出版されているので，それらを参照するのもよいだろう[9]．本書では，著者の経験から数値計算によく用いられる便利な関数や機能に絞って解説していきたい．

　NumPy の基本は ndarray クラスである．まず，リストから ndarray クラスのオブジェクト（本書では単に配列とも呼ぶ）を作るには以下のようにする．

```
import numpy as np
a = np.array([1, 2, 3])
```

ほかにも適当な初期化関数を用いて ndarray クラスのオブジェクトを得ることができる．さまざまな初期化関数が用意されているため用途によって使い分けてほしいが，例えば

```
np.zeros(2)           # 要素がすべて0の1次元配列
np.ones((2,2))        # 要素がすべて1の2次元配列
np.arange(2,9,2)      # 2以上9未満の偶数のみの配列
np.linspace(0, 10, 5) # 0以上10以下，2.5刻みの配列
np.eye(10)            # 10 x 10の単位行列を生成
```

などが特に有用である．リストとの重要な違いとして，ndarray クラスの要素は数値型が固定されている点に注意してほしい[10]．

---

[8]https://numpy.org/doc/stable/user/

[9]例えば，巻末の参考書 [3, 4] などがある．

[10]したがって，C 言語や Fortran の配列と同じようにメモリ空間に連続的にデータが格納されており，既存の Fortran ライブラリなどがそのまま使用できる．実際，NumPy では，BLAS (Basic Linear Algebra Subprograms) や LAPACK(Linear Algebra PACKage) などの数値計算ライブラリを内部で呼び出すことで高速化が図られており，C 言語や Fortran と遜色ない速度で実行することができる．NumPy や SciPy が利用しているライブラリは，numpy.show_config(), scipy.show_config() で確認できる．なお，多次元配列におけるデータの並びはデフォルトで C 言語に準拠（a[i,j] と a[i,j+1] がメモリ空間で隣

```
a = np.ones(3, dtype=int) # dtypeで要素の型を指定できる
                          # 多くの場合，デフォルト値はfloat
a[1] = 2.2                # 切り捨てられてa = [1,2,1]となる
```

ndarray クラスの便利な点は，数値計算に必要なさまざまな処理が関数とし
て実装されている点であり，適切な関数を呼び出して使うことで，高速に動作
するコードを簡単に書くことができることである．例えば，データのソーティ
ングは以下の1行ですんでしまう．

```
a = np.array([2, 1, 5, 3, 7, 4, 6, 8])
np.sort(a)   # a.sort()でもよい．その場合はソートして上書きする
```

そのほか，便利な操作として以下をあげておこう．

```
a = np.array([1, 2, 2, 4])
b = np.array([5, 6, 7, 8])
c = a[:3] # 0-2番目の要素を取り出す(スライス)
          # スライスにはさまざまな使い方がある
          # a[1:3], a[::2], a[-1], a[::-1]なども確認してみよう
d = np.append(a, b)       # 2つの配列の結合
e = a.reshape(2, 2)       # 配列の形状を任意に変換
f = e.flatten()           # 多次元配列を1次元配列に変換
g = d.shape               # ndarrayの形状をタプルで取得
```

また，配列要素やインデックスの取得などに関して，

```
h = np.nonzero(a==2)[0] # a==2を満たすインデックスを取得
i = np.where(a==2,4,0)  # a==2の要素を4，それ以外を0とする配列
j = e[0, :]    # 2次元配列の0行目を取り出す．e[:, 0]だと0列目
```

───────────────
にある）しており，作成時に変更することが可能．

```
k = b[h]        # int型の配列はインデックス指定にも使用できる
d[d < 3] = 0  # 配列dの3未満の要素を0にする
```

などがよく使われる．演算についてもさまざまな機能が実装されているが，

```
m = 2.0*a               # すべての要素に係数をかける．
n = a*b                 # 要素ごとの積
o = a**3                # 各要素のべき乗
p = np.dot(a,b)         # ベクトルの内積
q = a + 1j*b            # 要素ごとの和．
    # このとき，qは複素数のndarrayとして定義され，
    # np.conj(q)=a-1j*b, np.real(q)=a, np.imag(q)=bなどとなる
r = a[:,None] + b[None,:]
    # r_ij = a_i + b_jを要素とする2次元配列を取得する
s = 2 + a
    # スカラー量との加減算は2 => 2*np.ones(a.shape)と解釈される
```

などをあげるのに留めておこう[11]．少しだけ実践的な例として，n番目の要素が $\exp(2\pi in/N)$ $(n = 0, \cdots, N-1)$ で与えられる1次元配列を取得する問題を考えてみよう．まず最初に思いつくのは，

```
N, a = 10000, []
for i in range(N):
    x = np.exp(2j*np.pi*i/N)
    # np.expはネイピア数eを底とする指数関数．np.piは円周率を表す
    a.append(x)
a = np.array(a)
```

---

[11]最後の処理の変換はブロードキャスティングと呼ばれる．多次元配列同士のブロードキャスティングのルールはそれなりに複雑なので Web ドキュメント (https://numpy.org/devdocs/user/basics.broadcasting.html) で確認してほしい．

のように for 文を用いて定義するやり方だろうが，これは Python のプログ
ラムとしてはむしろ悪い見本である．例えば，

```
a = np.arange(N)/N        # np.linspaceを用いてもよい
a = np.exp(2j*np.pi*a)
```

などとするのが速い．このように，多くの NumPy 関数の引数には ndarray
配列を直接渡すことができ，これにより可読性が高く，かつ高速に動作する
コードを書くことができる[12]．
　次に 2 次元の ndarray オブジェクト，すなわち行列について見てみよう[13]．

```
A = np.array([[1,1],[0,1]])
B = np.array([[2,0],[3,4]])
A * B                # 要素ごとの積
A @ B                # 行列としての積 (= sum_j A_ij*B_jk)
A.T                  # 転置行列を得る
```

など多くの演算が 1 行で書けてしまう[14]．そのほか，numpy.linalg という線
形代数演算をまとめたモジュールを使用することで

```
A = np.array([[1,2,3],[2,1,2],[3,2,1]])
np.linalg.det(A)              # 行列式の計算
np.linalg.inv(A)              # 逆行列の計算
e, v = np.linalg.eigh(A)      # エルミート行列の対角化
```

---

[12]このように，配列の全要素に対して特定の関数を作用させて返す機能をもつ関数を，ユ
ニバーサル関数と呼ぶ．np.frompyfunc 関数を用いることで，既存の関数からユニバーサル
関数を作ることもできる．

[13]NumPy には matrix という行列クラスが別に存在するが，2 次元の ndarray に比べて
特段使いやすいわけでもない．公式マニュアルによれば，将来的に削除される可能性があり，
互換性の観点からもシンプルに ndarray を用いることをおすすめする．

[14]行列積のように一見単純で工夫の余地がなさそうな演算でも，実はさまざまな工夫が凝
らされて高速化が図られている．NumPy の場合，単純なベクトルや行列の演算には BLAS
ライブラリが用いられているが，本書では BLAS レベルで実装されているアルゴリズムにつ
いては，完全にブラックボックスとして使用する立場をとる．

などの演算も簡単に行える．ここで e は固有値，v は $v^{-1}Av$ が対角行列になる行列である．numpy.linalg を用いた線形代数問題の解法については，第 6 章を参照してほしい．また，ここで紹介したような 1, 2 次元配列に対するさまざまな演算や関数は 3 次元以上の多次元配列についてもきちんと定義されている場合が多い[15]．仕様を理解するのに時間はかかるが，慣れるとたいへん便利であり，プログラムの高速化にもつながるので積極的に使ってみよう．

　最後に，numpy.einsum という関数を紹介しよう．この関数はアインシュタインの縮約記号で書かれる演算を何でも行ってくれる非常に汎用性が高い関数で，例えば以下のように用いることができる．

```
a = np.random.randn(5, 5)          # 5 x 5の乱数行列を生成
b = np.einsum("ii", a)             # np.trace(a) と同じ
c = np.einsum("ij,jk->ik", a, a)   # a @ a
d = np.einsum("ii,ij->j", a, a)    # np.diag(a) @ a
e = np.einsum("ij,kj,ki", a, a, a) # np.trace(a @ a.T @ a)
```

ここでは，2 次元配列を例にしているが，より多次元の配列でも同じように利用できる．複雑な演算はこのような便利な関数に任せてしまうのもよいだろう．なお，上では省いているが，通常は np.einsum("ii",a,optimize=True) のように optimize オプションを True にして用いるのがよい（どのような順番で和をとると効率が良いか，内部で判断してくれる）．

　NumPy に収録されている関数は膨大であり，著者もすべてを把握しているわけではない．偏ったリストではあるが，ここで紹介できなかった便利な関数や操作を付録にまとめたので，そちらも参考にしてほしい．

SciPy

　SciPy は補完，積分，最適化，画像処理，統計処理，特殊関数などを含む科学技術計算用の多彩なツールボックスである．SciPy のチュートリアル[16]には

---

[15]例えば，3 次元配列 a と 2 次元配列 b の行列積 (@) は，a の 3 次元目の要素数と b の 1 次元目の要素数が等しければ実行でき，c=a@b は c_ijk = sum_n a_ijn*b_nk を表す．ほかにもさまざまな演算が定義されているので，試してみるとよいだろう．

[16]https://docs.scipy.org/doc/scipy/reference/tutorial/index.html

さまざまな例があげられているが，ここではその基本的な使い方をみてみよう．

　まず，NumPy との構造上の違いであるが，SciPy は上で述べたような各種計算ツールをサブパッケージにもつ巨大なパッケージであり，それぞれ個別に呼び出して使用するのが基本的な使い方となる．

```
import scipy.special       # scipy.specialパッケージを読みこむ
from scipy import special  # 上と同様だが，名前がspecialとなる
```

special モジュールにはさまざまな特殊関数が実装されており，例えば第1種 Bessel 関数 $J_v(z)$ を呼び出すには以下のようにする．

```
from scipy import special
special.jv(0,0)        # 第一引数はv，第二引数はzの値
special.jv(0,[0,1,2])  # リストやnp.ndarrayなどにも対応している
```

　本書の第4章は数値積分法の解説に当てられているが，SciPy を用いて数値積分も簡単に行うことができる．例えば以下の Bessel 関数の積分を取り上げよう．

$$I = \int_0^5 J_{2.5}(x)dx \tag{3.1}$$

これを実行するには，integrate モジュールをインポートして，

```
from scipy import integrate
def func(x):
    return special.jv(2.5, x)
res = integrate.quad(func, 0, 5)
    # 第1引数は被積分関数，第2, 3引数は積分の下限と上限
res = integrate.quad(lambda x:special.jv(2.5,x), 0, 5)
    # ラムダ式を直接引数に入れることもできる
```

などとすればよい．また，情報処理などで頻繁に用いられるフーリエ変換も簡
単に実行できる．fft モジュールを用いて，例えば，以下のようにする．

```python
import numpy as np
from scipy.fft import fft
N, T = 600, 1/800        # サンプリング数とサンプリング間隔の定義
x = np.linspace(0, N*T, N, endpoint=False)
y = np.sin(50*2*np.pi*x) + 0.5*np.sin(80*2*np.pi*x)
yf = fft(y)              # フーリエ変換
```

ちなみに，多次元のフーリエ変換には fftn という関数も用意されている[17]．

　SciPy は NumPy と比べると，より専門的な目的に特化したモジュール・関
数が収録されている[18]．本書で使用するのは，特殊関数を扱う special，数値
積分や微分方程式を扱う integrate，根の探索や最適化問題を扱う optimize
および疎行列演算に関する総合ライブラリとして sparse などであり，具体的
な使用方法については各例題を参照してほしい．また，これ以外にも，数値補
間を扱う interpolate や離散フーリエ変換を扱う fft などは数値計算に欠か
せないツールであるし，画像処理を扱う ndimage やボロノイ図解析などが行
える spatial などもたいへん強力なパッケージである．SciPy ホームページ
にはさまざまなパッケージのリストが載っているので，どのようなものがある
のか，一度確認しておくとよいだろう[19]．

　最後に，SciPy に関しても本書で頻繁に用いる関数については，使い方を付
録にまとめたので，そちらも参考にしてほしい．

Matplotlib

　数値計算の解釈には計算結果の可視化が欠かせない．Matplotlib を使うと

---

[17]フーリエ変換には，いわゆる FFT(fast Fourier transform) という計算手法が用いら
れており，計算コストは一番良い場合で $\mathcal{O}(N \log_2 N)$ である．このテキストでは具体的な
アルゴリズムは紹介しないが，N が 2 のべき乗のときの実装はそれほど複雑ではないので，
興味のある人は調べてみてほしい（例えば，巻末の文献 [6] を参照）．

[18]numpy.linalg と scipy.linalg など，重なる機能の多いモジュールも存在する．同じ
機能をもつ関数に関しては，SciPy のほうがより高速に動作する場合が多いので，通常はそ
ちらを用いるほうがよいだろう．

[19]https://scipy.github.io/devdocs/tutorial/index.html

NumPy や SciPy で計算した結果を使って，さまざまな図を書くことができる．データのプロットは gnuplot など別のソフトウェアを使う，というのももちろんよいが，Matplotlib の表現能力は非常に高い．ここでその詳細は述べないので，興味のある人はホームページ[20]を参照してほしい．

　ここでは，一番基本的な使い方として，xy 平面上に適当な関数 $y(x)$ をプロットする方法をみてみよう．

```python
import matplotlib.pyplot as plt
import numpy as np
x = np.linspace(0, 2*np.pi, 10)
y = np.sin(x)                # プロットしたい1次元配列を準備
plt.plot(x, y, color="red", linestyle="dashed", label="sin")
  # x，y座標のデータのほか，色やスタイル，凡例の指定ができる
plt.scatter(x, y, s=30, c="blue")
  # 散布図プロットにはscatterを用いる
plt.legend()                 # 凡例の表示
plt.show()                   # 描画
```

pyplot パッケージには描画環境をコントロールするさまざまなメソッドが用意されており，軸の設定，線種の設定，マルチプロット，3 次元プロットなど詳細な設定が可能である．サンプルページ[21]も大いに参考になるので，適時参照してほしい．また，本書では 2 次元データを画像として表示するのに imshow 関数，ヒストグラムの計算と描画に hist 関数を使用している．基本的な挙動は，

```python
a = np.linspace(0, 4*np.pi, 100)
x, y = np.meshgrid(a, a)        # 2次元メッシュの生成
z = np.sin(x) + 0.2*np.cos(y)  # プロットしたい配列の準備
plt.imshow(z)
```

---

[20]https://matplotlib.org/tutorials/index.html
[21]http://scipy-lectures.org/intro/matplotlib/auto_examples

```
plt.colorbar()  #  カラーバーを表示
plt.show()
```

および，正規分布関数に従う乱数を生成する `np.random.normal` を用いて，

```
x = np.random.normal(5, 1, 1000)
   # 平均5，標準偏差1の乱数を1000点生成して1次元配列にする
plt.hist(x, bins=15, density=True)
   # ヒストグラムの計算．binsはビン数の指定．density=Trueは規格化
plt.show()
```

などを実行してみれば確認できるだろう．また，Matplotlib を使って簡単な
アニメーションを作ることもできる．やり方は，例題 19 などを参照してほし
い．

最後に，Python には Seaborn や plotly など，Matplotlib 以外にもさまざ
まな描画ライブラリが存在する．それぞれ機能や見栄えなどが異なるので好
みのものを選択してほしい．

そのほか有用なライブラリ

Python のライブラリ開発には膨大な数の人間が携わっており，その中で有
用なライブラリを網羅することは到底筆者の手に余る．ここではデータ処理の
ライブラリとして頻繁に用いられる Pandas [22]，機械学習用のライブラリとし
て scikit-learn[23] や TensorFlow[24] などをあげるのに留めておこう[25]．

やりたい計算や処理を考えるときに，まず外部ライブラリで有用そうなもの
がないかをチェックするのが Python プログラミングのスタートである．本書
で紹介しているものだけでなく，積極的にいろいろなライブラリを探して，試

---

[22]https://pandas.pydata.org/
[23]https://scikit-learn.org/stable/
[24]https://www.tensorflow.org
[25]Python で本格的な並列計算を行いたい場合は multiprocessing や MPI for Python
(mpi4py) ライブラリを用いるのが標準的だろう．また，NVIDIA CUDA の開発環
境を用意できる人は，CuPy を用いることで簡単に GPU 計算を行うことができる
(https://www.preferred.jp/ja/projects/cupy/)．問題によっては劇的に計算速度を改善
できるため，覚えておくとよいだろう．

してみてほしい.

本書の Python コードに関する注意

　本書の以下の章で記載する Python コードでは，頻繁に用いられる

```
import numpy as np
import matplotlib.pyplot as plt
```

については，記載を省く．また，各例題で示した図は，基本的にコードと対応したものになっているが，紙面の都合上，凡例や軸の指定などがコードから省かれている場合がある．最後に，一度記載した関数は断りなく別の箇所で用いる場合がある点にも注意されたい.

例題 1　NumPy を用いた平均と分散の計算

　np.random.randn() 関数は，標準正規分布に従う乱数を並べた任意の
サイズの ndarray 配列を作ることができる．この関数を用いて 1 次元配
列を生成し，その要素の平均と分散を実際に計算してみよ．for 文を用い
た実装と，NumPy の関数を使った実装を行い，計算時間の計測も行え．

考え方

　NumPy で平均をとる関数は average と mean がある．average では
重み付きの平均がとれる点が異なるが，今の場合どちらを使ってもよい．
分散は var 関数（標準偏差は std 関数）で計算できる．時間計測には，
timeit モジュールを使ってみよう．

‖解答‖

　まず，適当な大きさの乱数配列を作ろう．

```
n = 5000
a = np.random.randn(n)
```

for 文を使ったものを，マジックコマンド (%%) を用いて計測すると，

```
%%timeit
mean, mean2 = 0, 0
for x in a:
    mean += x
    mean2 += x**2
mean, sigma = mean/n, mean2/n - (mean/n)**2
```

同じ配列に対して，np.mean と np.var を使うと，

```
%%timeit
mean, sigma = np.mean(a), np.var(a)
```

などとなる．実行して処理時間を確認してみてほしい（著者が Google Colab で試したときは，for 文の方はおよそ 4ms，np.mean と np.var を使うと，40μs であった）．配列のサイズを大きくして，平均と分散がそれぞれ 0 と 1 に近づいていくことを確認してみてほしい．

　この例題でみたように，（特に Python では）同じ計算をする場合でも，実装手法によって計算時間に大きな差が出てしまうことがある．どのようなコードが速くなるかわからない場合は，面倒でもさまざまな手法を調べ，試してみることが結果的に近道となるだろう．

例題 2   Matplotlib と SciPy による特殊関数のプロット

Matplotlib の練習として，第 1 種ベッセル関数 $J_v(x)$ の可視化をして みよう．$v = 0, 1, 2, 3$ について，$0 < x < 20$ の範囲でプロットし，凡例 や色を指定してみよう．

考え方

ベッセル関数の計算には `scipy.special.jv` 関数を，可視化には `matplotlib` の `pyplot` モジュールを使用してみよう．`pyplot` にはグラ フの体裁に関するさまざまな関数が存在するが，ここではグラフのタイト ルを設定する `title`，軸ラベルを設定する `xlabel` と `ylabel`，軸の範囲 を指定する `xlim` と `ylim` などを用いてみよう．

‖解答‖

例として，以下のコードを実行すると，

```python
import scipy.special as special
import matplotlib.pyplot as plt
x = np.linspace(0,20,101)              # 変数値の設定
J = [special.jv(v,x) for v in range(4)] # 関数を各v, xで評価
labs = ["$v$="+str(v) for v in range(4)]
cols = ["red", "blue", "green", "magenta"]
stys = ["-", "--", ":", "-."]
for j, l, c, s in zip(J, labs, cols, stys):
    plt.plot(x, j, color=c, label=l, linestyle=s)
    # このように，関数値やラベルなどをリストとして保持しておき，
    # zipでつなげて使用するとよいだろう

plt.title("Bessel functions",fontsize=16) # タイトルの設定
plt.xlabel("$x$", fontsize=12)             # x軸ラベルの設定
plt.xlim(0, 20)                            # x軸範囲の設定
plt.ylabel("$J_v(x)$", fontsize=12)        # y軸ラベルの設定
```

```
plt.ylim(-1.1, 1.1)                        # y軸範囲の設定
plt.legend(loc="lower right")  # 凡例の表示. locは場所を指定
plt.grid(color="black", linestyle="dotted", linewidth=0.3)
   # グリッドの表示. グリッドがあることでプロットが見やすくなる
plt.show()
```

以下のような図が得られる（図 3.1）. pyplot モジュールにはここで紹介した
以外にもさまざまな機能が存在し，figure や axes を使うことでより詳細な
設定ができるようになる．本書では立ち入らないので，興味ある読者はイン
ターネット上の記事や参考書を参照してほしい．

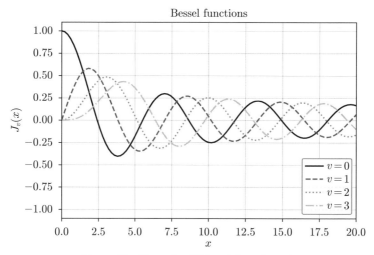

図 3.1: 第 1 種ベッセル関数 $J_v(x)$ のプロット

4 　数値積分

───────《 **内容のまとめ** 》───────

　この章からは，実際に Python を用いて，さまざまな数値計算手法を学んでいこう．まず最初に，数値計算の基本である数値積分法について解説する．すでに述べたように，Python では scipy.integrate モジュールを用いることで大抵の積分処理を行うことができ，実装されている関数には高速化や安定性向上のためのさまざまな工夫が凝らされている．本書では，そのようなアルゴリズムの詳細に立ち入ることはせず，むしろアルゴリズムの基本となる考え方やその使い方に焦点を絞って解説したい．

　ある関数 $f(x)$ を区間 $[a, b]$ で積分する問題を考えよう．

$$I = \int_a^b f(x)dx \tag{4.1}$$

数値計算では連続的な変数 x を扱うことはできないため，適当に離散化して有限要素の和として積分を評価することになる．

中点則

　まず，もっとも粗い評価として積分値を一点で近似することを考えよう．つまり，

$$I \approx S = hf(x_0), \tag{4.2}$$

とする（ただし，$x_0 = a + h/2, h = b - a$ とした）．この近似による誤差を大雑把に評価するため，式 (4.1) の $f(x)$ を x_0 まわりで展開してみると，

$$I = \sum_{n=0}^{\infty} \frac{f^{(n)}(x_0)}{n!} \int_a^b (x - x_0)^n dx, \tag{4.3}$$

$$= hf(x_0) + \frac{h^3}{24} f^{(2)}(x_0) + \frac{h^5}{1920} f^{(4)}(x_0) + \mathcal{O}(h^7) \tag{4.4}$$

などとなる．したがって，この近似による誤差 $\epsilon = |I - S|$ は $\epsilon = \mathcal{O}(h^3)$ であることがわかる．これは中点則と呼ばれる評価方法で，h が（$f(x)$ の変化に比べて）十分小さければ，それなりの近似となる[1]．

では，h が大きい場合には，どのようにすればよいだろう？ 単純な解決策として，以下の2つが思いつく．(1) 区間 $[a, b]$ を微小区間に分割し，それぞれの区間に中点則を適用する．(2) 誤差 ϵ が h のより高次になるよう近似を改良する．では，具体的な例を見てみよう．

(1) の方法：合成中点則

区間 $[a, b]$ を n 個の微小区間 $i \in \{0, \cdots, n-1\}$ に分割する[2]．それぞれの区間の中点は $x_i = a + h(2i + 1)/2n$ で与えられるから，各区間に中点則を適用したのち，すべての寄与を足し合わせることで

$$S = \frac{h}{n} \sum_{i=0}^{n-1} f(x_i) \tag{4.5}$$

が得られる（合成中点則）．分割数 n が大きくなるほど精度が良くなると期待されるが，実際，先ほどと同様に $f(x)$ を x_i まわりで展開して評価すると $\epsilon = \mathcal{O}((h^3 \langle f^{(2)} \rangle / n^2)$ となることが確認できる[3]．

(2) の方法：高次の近似

高次の近似の例として，ここではシンプソン (**Simpson**) 則を紹介しよう．シンプソン則では，式 (4.1) に対する近似として，以下を採用する．

---

[1] 誤差 $\epsilon = \mathcal{O}(h^3)$ をもつ別の評価方法として台形公式があり，これは $S = \frac{h}{2}(f(b) - f(a))$ と近似する．中点則との違いとして，台形公式では積分の端点を積分値の評価に用いるが（閉じた公式），中点則ではこれを用いない（開いた公式）．多くの場合，どちらも似たような結果を与えるため，好みの方を用いればよい．

[2] すでに述べたように Python のインデックスは 0 から始まるので，定式化の段階から $i \in \{1, \cdots, n\}$ でなく，$i \in \{0, \cdots, n-1\}$ としておくと間違いにくい．

[3] ここで $\langle f^{(2)} \rangle = \frac{1}{n} \sum_{i=0}^{n-1} f^{(2)}(x_i)$ と定義した．

$$S = \frac{h}{6}(f(a) + 4f(x_0) + f(b)). \tag{4.6}$$

ここで，$f(a) + f(b) = 2f(x_0) + \frac{h^2}{4}f^{(2)}(x_0) + \frac{h^4}{192}f^{(4)}(x_0) + \mathcal{O}(h^6)$ を用いて式 (4.4) から $f^{(2)}(x_0)$ を消去すると，

$$I = \frac{h}{6}(f(a) + 4(x_0) + f(b)) - \frac{h^5}{2880}f^{(4)}(x_0) + \mathcal{O}(h^7), \tag{4.7}$$

となることに注意しよう．式 (4.6) と比べることで，シンプソン則の誤差は $\epsilon = \mathcal{O}(h^5)$ であることがわかる.

　ここでは中点則の改良として，(1) と (2) の方法を個別に考えたが，実際はこの 2 つを組み合わせて用いることがほとんどである．例えば，シンプソン則を n 個の微小区間について適用し，和をとる方法は合成シンプソン則と呼ばれ，誤差は $\epsilon = \mathcal{O}(h^5 \langle f^{(4)} \rangle / n^4)$ で与えられる（具体的な表式は例題 4 を参照）.

ガウス求積法

　上で紹介した数値積分法は，すべて積分区間を等間隔に刻んで積分値を評価するものであった[4]．これらは直感的で汎用性が高い手法であるが，もし積分区間内の任意の点で $f(x)$ が評価可能であれば，以下で述べる**ガウス (Gauss) 求積法**が強力である．ガウス求積法は，与えられた密度関数 $\omega(x)$ に対して，

$$I = \int_a^b \omega(x)f(x)dx \tag{4.8}$$

を計算する公式を与える．導出は省き（例題 6 の発展問題を参照），具体的な公式だけ与えると，密度関数 $\omega(x)$ に対応する直交多項式 $p_n(x)$ を用いて，

$$S = \sum_{i=0}^{n-1} \omega_i f(\bar{x}_i), \quad \omega_i = \frac{\mu_n \lambda_{n-1}}{\mu_{n-1}} \frac{1}{p_{n-1}(\bar{x}_i)p_n'(\bar{x}_i)}, \tag{4.9}$$

で I を良く近似できることが知られている[5]．ここで，

---

[4]このような数値積分法を総称してニュートン-コーツ (**Newton-Cotes**) の方法と呼ぶ.

[5]具体的には，$f(x)$ が $2n-1$ 次以下の多項式であれば厳密に $I = S$ となる．$f(x)$ が一般の微分可能関数である場合，誤差は $\lambda_n f^{(2n)}(\xi)/(2n)!$ $(a < \xi < b)$ 程度と評価される.

$$\langle p_n, p_{n'} \rangle = \int_a^b \omega(x) p_n(x) p_{n'}(x) dx = \lambda_n \delta_{nn'} \tag{4.10}$$

であり，$\bar{x}_i$ は $p_n(x)$ の零点（根），μ_n は $p_n(x)$ の最高次項の係数を表す．評価に使う直交多項式は積分区間によって異なるが，代表的なものを表 4.1 にあげよう．重み ω_i や根 $\bar{x}_i$ は用いる直交多項式の種類や次数には依存しているが，被積分関数 $f(x)$ には依存しないため，あらかじめ計算して保管しておくことで効率良く積分を実行できる．

表 4.1: ガウス求積法で用いられる主な直交多項式と密度関数

	直交多項式	積分区間	密度関数
P_n:	ルジャンドル多項式	$[-1, 1]$	1
T_n:	チェビシェフ多項式	$(-1, 1)$	$1/\sqrt{1-x^2}$
L_n:	ラゲール多項式	$[0, \infty)$	e^{-x}
H_n:	エルミート多項式	$(-\infty, \infty)$	e^{-x^2}

適応求積法

　ガウス求積法は強力な手法ではあるが，低次でうまく近似できない関数に対して，闇雲に次数をあげても効率が悪いことが多い．この問題は，等間隔刻みを用いる高次の近似に対してより顕著であり，むしろ次数を適当に固定して，望んだ精度に達するまで積分区間を分割するという方法をとるのが一般的である（**適応求積法**）．精度を固定する一番単純な方法は，例えば分割数 n を半分にして評価した積分値 $S_{n/2}$ と分割数 n での評価値 S_n の差

$$\epsilon \sim |S_n - S_{n/2}| \tag{4.11}$$

を誤差の指標として用いることである．望んだ精度に達していなかったら分割数を倍にして同じことを繰り返せばよい[6]．この際，等間隔刻みを用いる手

---

　[6]例えば，合成中点則の誤差は $S_n - I = cn^{-2} + \mathcal{O}(n^{-4})$ と書ける（c は定数）．ここから，n^{-2} のオーダーまでで $S_{n/2} - S_n \approx 3cn^{-2} \approx 3(S_n - I)$，したがって $\bar{S}_n = S_n - (S_{n/2} - S_n)/3$ と定義すれば $\bar{S}_n = I + \mathcal{O}(n^{-4})$ となることがわかる．このように，分割数を少なくした計算はただ誤差の評価に用いるのではなく，精度そのものをあげるためにも使用できる．代表的な手法にロンバーグ（Romberg）積分があり，SciPy 関数 `scipy.integrate.romberg` に実装されている．

法であれば，前に計算した点の情報をそのまま使えるため，新しく追加した点についてのみ評価すれば効率が良い．一方，ガウス求積法では，一般に分割数を倍にしたとき評価点が重ならないため，このような簡単化はできない．ただし，この場合でもクロンロッド (Kronrod) による拡張公式に従って評価点を増やすことで，精度の向上と誤差評価を効率的にできることが知られており，多くの数値計算ライブラリに実装されている．

Python での実装について

はじめに述べたように，Python で数値積分をする場合は，`scipy.integrate` モジュールを使用するのがよいだろう．特に，積分の評価点を任意に選べる場合はガウス–ルジャンドル–クロンロッド求積法をベースに実装された，quad 関数が汎用的である[7]．特定のガウス求積法を用いたい場合は，`scipy.special` パッケージにさまざまな直交多項式の根と重みが与えられているため，それを用いることができる．`scipy.integrate` には，そのほかにも合成シンプソン則などが実装されている（`simps` 関数など）ため，特別必要になった際はそれらを使用することもできる．

---

[7]Fortran ライブラリである QUADPACK から適切なルーチンを呼び出して実行してくれる．ベクトル関数に対しては，quad_vec を用いることができる．

例題 3　中点則

　合成中点則を実装して，積分 $\int_0^1 e^{-x}dx$ を実行せよ．また，刻み幅を変えて精度と計算時間の変化を確認せよ．

考え方

　式 (4.5) を実装すればよい．被積分関数部分と積分部分を分けて関数にしておくと，あとで別の関数を積分したい場合に再利用できて便利である．余裕があれば NumPy ライブラリを使用して高速化を目指してみよう．

‖解答‖

被積分関数部分を以下のように定義しよう．

```python
def func(x):
    return np.exp(-x)      # 指数関数はnumpyのものを用いる
```

積分部分に関しては，例えば式 (4.5) の x_i, h などの変数をそのまま用い，

```python
def midpoint(func, a, b, n):
    h, ans = (b-a)/n, 0     # hの定義が本文と1/n倍異なる点に注意
    for i in range(n):
        xi = a + h*(2*i+1)/2
        ans = ans + func(xi)*h
    return ans
```

これらを用いて誤差評価をしてみよう．例えば，解析解 $1 - e^{-1}$ を用いて，

```python
from time import time
I = 1 - np.exp(-1)
for n in [10**i for i in range(0,7,2)]:
    # n=10^0, 10^2, 10^4, 10^6で評価する
```

```
    t = time()
    S = midpoint(func, 0, 1, n)
    error = abs((S-I)/I)          # ここでは相対誤差を用いている.
    txt = "n={0:.0e} t={1:.2e}s, S={2:.2e}, e={3:.3e}"\
                        .format(n, time()-t, S, error)
    # eは指数表記の指定, .xで小数点以下の桁数(x)を指定する
    print(txt)
```

とし，Google Colab 上で実行してみると，

```
n=1e+00 t=1.43e-05s, S=6.07e-01, e=4.048e-02
n=1e+02 t=1.54e-04s, S=6.32e-01, e=4.167e-06
n=1e+04 t=2.88e-02s, S=6.32e-01, e=4.167e-10
n=1e+06 t=1.44e+00s, S=6.32e-01, e=3.284e-14
```

となる．したがって，$\mathcal{O}(n^{-2})$ で誤差が小さくなり，計算時間は $\mathcal{O}(n)$ にスケールすることが確認できた.

　NumPy を用いたより速いコードの例としては，

```
def midpoint(func, a, b, n):
    h = (b-a)/n
    x = np.linspace(a+h/2, b-h/2, n)
    return h*np.sum(func(x))
```

をあげよう．midpoint 関数をこれに置き換えると，$n = 10^6$ の計算が 10^{-2} 秒程度となり，計算速度は大幅に改善される．ただし，これに気を良くして $n = 10^7$，$n = 10^8$ と分割数を増やしても期待通りの改善は見られない点に注意してほしい．通常の 64 ビット環境での float 型の表現範囲は 15 桁程度であり，これ以上の改善は望めない．数値計算につきものである誤差や桁落ちについて本書では触れる余裕がないので，巻末の参考書 [7] などを参照してほしい．

例題 4　シンプソン則 ───────────

　合成シンプソン則を実装して，積分 $\int_0^1 e^{-x} dx$ を実行せよ．また，刻み幅を変えて精度と計算時間の変化を確認せよ．

考え方

　式 (4.6) を微小区間に対して適用すると，以下のようになる．

$$S = \frac{h}{3n} \left(f(a) + 4 \sum_{i=1}^{n/2} f(x_{2i-1}) + 2 \sum_{i=1}^{n/2-1} f(x_{2i}) + f(b) \right)$$

ただし，$x_i = a + ih/n$ とした．n を偶数にとる必要がある点に注意．

‖解答‖

　被積分関数部分は例題 1 のものをそのまま使用できる．積分部分は，例えば以下のように定義すればよい．

```python
def simpson(func, a, b, n):
    if n%2 == 1:        # nが奇数の場合に警告を出して強制終了する
        exit("Error: n must be even")
    h, n2 = (b-a)/n, n//2
    x_odd  = np.linspace(a + h, b - h, n2)
    x_even = np.linspace(a+2*h, b-2*h, n2-1)
    f_odd  = 4*np.sum(func(x_odd))
    f_even = 2*np.sum(func(x_even))
    f_edge = func(a) + func(b)
    return h*(f_odd + f_even + f_edge)/3
```

　誤差評価の部分も例題 1 と基本的に同じで，`midpoint`→`simpson` とするだけで実行できる．実行すると，誤差が $\mathcal{O}(n^{-4})$，計算時間が $\mathcal{O}(n)$ にスケールすることが確認できるだろう．

例題 5 単振り子の振動周期

長さ ℓ の糸につながれた質点の運動を考える（単振り子）．重力加速度
を g，鉛直方向から測った糸の最大角度を α とすると，振動周期 T は

$$T = 4\sqrt{\frac{\ell}{g}} K\left(\sin^2 \frac{\alpha}{2}\right)$$

で与えられる．$\ell = 1\,\mathrm{m}$, $g = 9.8\,\mathrm{m/s^2}$, $\alpha = \pi/3$ として，楕円積分

$$K(a) = \int_0^{\pi/2} \frac{d\theta}{\sqrt{1 - a\sin^2\theta}} \tag{4.12}$$

を実行し，単振り子の振動周期を計算せよ．数値積分には SciPy ライブ
ラリの scipy.integrate モジュールを用いよ．

考え方

SciPy パッケージの基本的な使い方は第 3 章や付録を参照．合成シンプ
ソン則を用いる場合には scipy.integrate.simps[8]，ガウス求積法を用
いる場合は scipy.integrate.quad を使用する（使い方の詳細は付録を
参照）．

‖解答‖

今回は lambda 式を用いて関数を定義してみよう．

```
func = lambda x, a: 1/np.sqrt(1-a*(np.sin(x))**2)
```

例えば，分割数 $n = 100$ として合成シンプソン則を用いると，

```
from scipy.integrate import simps
l, g, a = 1.0, 9.8, np.sin(np.pi/6)**2
```

---

[8]SciPy のバージョン 1.6.0 から関数名が simps から simpson に変わっているが，ほと
んど同じように用いることができる．

```
x = np.linspace(0, np.pi/2, 100)
T = 4 * np.sqrt(1/g) * simps(func(x, a) , x)
print("T={0:.5e}s".format(T))
```

これを実行すると，答えは以下となる.

```
T=2.15397e+00s
```

ガウス求積法による数値積分を行う場合は，quad 関数を用いて，

```
from scipy.integrate import quad
K = quad(func=func, a=0, b=np.pi/2, args=(a,), full_output=1)
    # func:被積分関数, a:積分の下端, b:上端, args:その他の引数
    # 戻り値は(評価値，評価誤差，付加情報)のタプル
T = 4 * np.sqrt(1/g) * K[0]
```

とすればよい. 誤差や実際に被積分関数を評価した回数を確認するには，

```
print("error estimation: ", K[1])
print("# of evaluations: ", K[2]["neval"])
```

などとする. 今のケースでは，評価回数が 21 回で誤差が約 10^{-14} であること が確認できる[9].
　一方，今回評価した積分 $K(a)$ は第 1 種完全楕円積分であり，scipy.special パッケージに ellipk 関数として実装されている. これを用いると，簡潔に

```
from scipy.special import ellipk
T = 4 * np.sqrt(1/g) * ellipk(a)
```

とすることもできる.

---

[9]21 回というのは，G10-K21 と呼ばれるガウス–クロンロッド求積法を用いていること による. 適応求積法で評価点を追加する際も 21 点ずつ追加するため，演算回数は常に 21 の 倍数となる. 積分区間に無限 (∞) が含まれる場合は G7-K15 が用いられ，15 の倍数とな る.

例題 6 円の面積

円の面積を計算する以下の公式を数値積分してみよう.

$$\int_{-1}^{1} 2\sqrt{1-x^2}dx = \pi$$

最初に quad 関数を用いた計算を行い,次に,表 4.1 から適切な多項式を選択してガウス求積法を実行せよ.

考え方

quad 関数は前回と同様に利用すればよい. ガウス求積法であるが,

$$\int_{-1}^{1} 2\sqrt{1-x^2}dx = \int_{-1}^{1} \frac{2(1-x^2)}{\sqrt{1-x^2}}dx$$

より,式 (4.8) および表 4.1 と比較すると,密度関数 $\omega(x) = 1/\sqrt{1-x^2}$, $f(x) = 2(1-x^2)$,積分区間 $[-1,1]$ で与えられるガウス–チェビシェフ求積法が適切であることがわかる. n 次のチェビシェフ多項式の根 $\bar{x}_i$ および式 (4.9) で定義される重み ω_i は scipy.special.roots_chebyt で計算できる.

‖解答‖

quad 関数を用いたものは前回とまったく同様にして,

```
from scipy import integrate, special
func4_g  = lambda x: 2*np.sqrt(1-x**2)
y_g, err, info = integrate.quad(func4_g, -1, 1, full_output=1)
  # 戻り値はタプルであるから,変数を分割して受けることもできる
print(y_g-np.pi)
```

などでよい. 一方,式 (4.9) を用いるものであるが,例えば,

```
func4_gc = lambda x: 2*(1-x**2)
xi, wi = special.roots_chebyt(2)
  # n = 2次のチェビシェフ多項式の根と重みをタプルで返す
```

```
y_gc = np.sum(wi*func4_gc(xi))    # 式(4.9)の計算
print(y_gc-np.pi)
```

どちらでも，ほぼ解析解と等しい結果が得られることがわかるだろう．ここで info["neval"] を確認すると quad 関数は 399 回も被積分関数を評価していることがわかる．これは被積分関数が端点で特異的（1 階微分が発散）であることに起因しており，本来は変数変換で先に特異性を除去しておくことが望ましい[10]．一方，ガウス-チェビシェフ求積法ではわずか 2 点の計算で厳密な値を再現している．これは $f(x) = 2(1 - x^2)$ が 2 次の多項式であるためで，一般に $f(x)$ が $2n - 1$ 次以下の多項式であればガウス求積法は厳密となる．

例題 6 の発展問題

6-1. ガウス求積法は，直交多項式 $p_n(x)$ を用いた関数補間に基づく積分公式とみなせる．ここでは，関数 $f(x)$ を $2n - 1$ 次の任意の多項式であると仮定してガウス求積法を導出してみよう．まず，除法の原理より $f(x) = q(x)p_n(x) + r(x)$ と書いたときの $q(x)$ は $n - 1$ 次の，$r(x)$ は $n - 1$ 次以下の多項式である点に注意しよう．このとき

(1) $I = \int \omega(x)f(x)dx = \int \omega(x)r(x)dx$ を示し，

(2) $r(x) = \sum_{i=0}^{n-1} \alpha_i(x)r(\bar{x}_i)$ と展開したときの係数 $\alpha_i(x)$ を求めよ．

また，上記 (1)，(2) および直交多項式に対するクリストッフェル-ダルブー (Christoffel-Darboux) の公式，

$$\sum_{j=0}^{n-1} \frac{p_j(x)p_j(y)}{\lambda_j} = \frac{\mu_{n-1}}{\mu_n \lambda_{n-1}} \frac{p_n(x)p_{n-1}(y) - p_n(y)p_{n-1}(x)}{x - y}$$

を用いて式 (4.9) で定義される S が厳密に I と等しくなることを示せ．ただし，$p_n(x)$ が完全かつ可微分であること，および $p_n(x)$ の n 個の根 $\bar{x}_i$ が非縮退であることを用いてよい．

---

[10]端点特異性を除去する方法はさまざまである．詳細は文献 [7] などを参照してほしい．

5 常微分方程式

―――《 内容のまとめ 》―――

この章では，常微分方程式の解を数値計算で求める方法を学ぼう．特に，

$$\frac{dx(t)}{dt} = f(x(t), t) \tag{5.1}$$

の形の微分方程式を与えられた初期条件 $(x(t_0) = x_0)$ のもとに解く，つまり，$x(t)$ の時間発展を求める問題を考える．基本的な考え方は数値積分と同様で，連続変数 t を離散変数に置き換えることで計算を行う．

オイラー法

時刻 t を n 点に分割し，$t_{i+1} - t_i = h > 0$ とする．微分 dx/dt を差分に置き換え，

$$x(t_{i+1}) = x(t_i) + h f(x(t_i), t_i), \tag{5.2}$$

のように離散化すると，これはテイラー展開の式，

$$x(t+h) = x(t) + h\frac{dx(t)}{dt} + \frac{h^2}{2}\frac{d^2x(t)}{dt^2} + \mathcal{O}(h^3), \tag{5.3}$$

$$= x(t) + h f(x(t), t) + \frac{h^2}{2}\frac{df(x(t), t)}{dt} + \mathcal{O}(h^3), \tag{5.4}$$

を，h の 1 次で打ち切った式とみなされる．式 (5.2) を用いると，初期条件 x_0 $= x(t_0)$ から出発して，t_{i+1} での $x(t_{i+1})$ を，t_i における $x(t_i)$ から逐次的に求めることが可能である．このように時間発展を求める手法をオイラー (Euler) 法（または前進オイラー法）と呼ぶ．また，$i = 0$ から $n-1$ まで時間発

展を追うと，毎回のステップで $\mathcal{O}(h^2)$ の誤差が生じることから，最終的な誤差は $\mathcal{O}(nh^2) = \mathcal{O}(h)$ 程度となる．

ここで注意してほしいのは，式 (5.2) の右辺に現れる $f(x(t), t)$ が時刻 t_i で評価されている点である．中点則の精神に従えば，むしろ

$$x(t_{i+1}) = x(t_i) + hf\left(x\left(t_i + \frac{h}{2}\right), t_i + \frac{h}{2}\right), \tag{5.5}$$

とすることが望ましく思われるが，残念ながら式 (5.5) 右辺の $x(t_i + h/2)$ は未知の量であるから，そのままでは計算できない．

2 次のルンゲ-クッタ法

そこで，$x(t_i + h/2)$ をオイラー法によって近似し，

$$k_1 = x(t_i) + \frac{h}{2}f(x(t_i), t_i), \tag{5.6}$$

$$x(t_{i+1}) = x(t_i) + hf\left(k_1, t_i + \frac{h}{2}\right), \tag{5.7}$$

としてみよう．この近似は **2 次のルンゲ-クッタ (Runge-Kutta)** 法と呼ばれ，

$$f\left(k_1, t_i + \frac{h}{2}\right) = f(x_i, t_i) + \frac{h}{2}\left(f(x_i, t_i)\frac{\partial f(x_i, t_i)}{\partial x} + \frac{\partial f(x_i, t_i)}{\partial t}\right) + \mathcal{O}(h^2)$$

$$= f(x_i, t_i) + \frac{h}{2}\frac{df(x_i, t_i)}{dt} + \mathcal{O}(h^2) \tag{5.8}$$

($x_i = x(t_i)$ とおいた) を代入した式 (5.7) と式 (5.4) を見比べることで，毎ステップでの誤差が $\mathcal{O}(h^3)$ となることがわかる．したがって，この手法による最終的な誤差は $\mathcal{O}(h^2)$ で与えられる．

4 次のルンゲ-クッタ法

数値積分の中点則に対応する手法は 2 次のルンゲ-クッタ法であった．同様に，シンプソン則に対応する公式は **4 次のルンゲ-クッタ法**として知られ，

$$k_1 = f(x(t_i), t_i) \tag{5.9}$$

$$k_2 = f\left(x(t_i) + \frac{h}{2}k_1, t_i + \frac{h}{2}\right) \tag{5.10}$$

$$k_3 = f\left(x(t_i) + \frac{h}{2}k_2, t_i + \frac{h}{2}\right) \tag{5.11}$$

$$k_4 = f(x(t_i) + hk_3, t_{i+1}) \tag{5.12}$$

$$x(t_{i+1}) = x(t_i) + \frac{1}{6}\left(k_1 + 2k_2 + 2k_3 + k_4\right) \tag{5.13}$$

で与えられる. 名前から推察されるように式 (5.13) の展開はテイラー展開の 4 次までと一致し, 毎ステップの誤差は $\mathcal{O}(h^5)$ (最終誤差は $\mathcal{O}(h^4)$) である.

連立 1 階微分方程式

多変数への拡張も容易に行える. 以下の N 次元連立 1 階微分方程式

$$\frac{dx_p(t)}{dt} = f_p(\{x_p(t)\}, t), \quad p \in \{0, \cdots, N-1\} \tag{5.14}$$

を考えよう. 例えば, N 個の式それぞれに対してオイラー法を適用すると,

$$x_p(t_{i+1}) = x_p(t_i) + hf_p(\{x_p(t_i)\}, t_i), \tag{5.15}$$

となる. これは 1 変数のときと同様, 逐次的に解くことができる. 2 次や 4 次のルンゲ–クッタ法への拡張も同様に行える.

2 階微分方程式

物理において頻繁に現れる 2 階の微分方程式だが, よく知られるように, これは常に連立 1 階微分方程式の形に変形することができる. すなわち,

$$\frac{d^2x(t)}{dt^2} = f\left(\frac{dx(t)}{dt}, x(t), t\right), \tag{5.16}$$

において, 新しい変数 $v = dx/dt$ を導入してやれば,

$$\frac{dx(t)}{dt} = v(t), \tag{5.17}$$

$$\frac{dv(t)}{dt} = f\left(v(t), x(t), t\right), \tag{5.18}$$

である. これは上で述べた方法で解くことができる[1].

---

[1]これはあくまで一般論であり, 問題によってはより効果的な解き方が知られている場合も多い. 例えば, 式 (5.17), (5.18) をハミルトンの正準方程式とみなせる場合, ポアソン括弧を陽に保存するような更新を選ぶことで, エネルギー誤差の蓄積を抑えることができる (シンプレクティック積分法). 代表例として, 分子動力学法などで用いられるベレ (Verlet) 法

陽解法と陰解法

式 (5.2) のオイラー法であるが, $x(t+h)$ を t まわりで展開する代わりに, $x(t)$ を $t+h$ まわりで展開して h の 1 次までで打ち切ると,

$$x(t_{i+1}) = x(t_i) + hf(x(t_{i+1}), t_{i+1}), \tag{5.19}$$

が得られる. これは後退オイラー法と呼ばれる手法で, 誤差のオーダーはオイラー法と変わらない. この式は右辺に $x(t_{i+1})$ が含まれているため逐次的に解くことはできないが, 式 (5.19) を $x(t_{i+1})$ に対する非線型方程式と捉えて数値的に解き (第 7 章参照), これを繰り返すことで時間発展を計算することができる. このような解法は陰解法と呼ばれ, 通常のオイラー法などの陽解法と区別される[2]. 誤差のオーダーが変わらないのに, このような複雑な解法を考える理由は, いわゆる硬い微分方程式の問題に対処するためである. 以下, これについて考えよう.

もっとも単純な例として, 以下のような微分方程式を考えよう.

$$\frac{dx(t)}{dt} = -cx(t) \tag{5.20}$$

ここで, われわれの興味のある多くの系では $c > 0$ であることに注意しよう[3]. この方程式に対して前進オイラー法と後退オイラー法を適用すると以下が得られる.

$$前進オイラー法 : x(t_{i+1}) = (1-ch)x(t_i) \tag{5.21}$$

$$後退オイラー法 : x(t_{i+1}) = (1+ch)^{-1}x(t_i) \tag{5.22}$$

つまり, 前進オイラー法では差分 h が $h > 2/c$ であると $|x(t_i)| \xrightarrow{i \to \infty} \infty$ となってしまうが, 後退オイラー法では h の値によらず $|x(t_i)| \xrightarrow{i \to \infty} 0$ であり, 正しい収束解が得られる. このように, 陽解法は一般的に減衰解について安定でないため, 刻み幅を十分に細かくとる必要がある[4].

がある.

[2]陰解法公式で仮の解を求め, それを陰解法公式に代入し補正を加える更新は, 予測子修正子法と呼ばれる. 予測子修正子法は, 非線形な $f(x,t)$ に対する陰解法に必要な反復計算を, 適当に打ち切ったものともみなせる.

[3]そうでなければ時間発展に伴って $x(t)$ は発散してしまう. もちろん, 場合によってはこのような問題を考えることもあるだろうが, このようなケースに陰解法は有効ではない.

[4]$i \to \infty$ の極限で $x(t_i)$ の収束が保証される $-ch$ 空間上の領域を絶対安定領域と呼ぶ.

硬い微分方程式

この事情は多次元系を考えるとさらに顕著になる．簡単のため，正定値対称行列 A を係数とする線形微分方程式を考えよう[5]．このとき，A は適当な直交行列 O を用いて $\Lambda = O^T A O$ と対角化されるため，その一般解は，

$$\frac{d\boldsymbol{x}}{dt} = -A\boldsymbol{x} \quad \Rightarrow \quad \boldsymbol{z} = \mathrm{diag}(e^{-\lambda_0 t}, \cdots, e^{-\lambda_{N-1} t})\boldsymbol{z}_0 \tag{5.23}$$

となる．ただし $\boldsymbol{x} = O\boldsymbol{z}$ であり，$\boldsymbol{z}_0$ は任意定数ベクトル，λ_j ($|\lambda_0| \geq |\lambda_1| \geq \cdots \geq |\lambda_{N-1}|$ かつ $\lambda_j > 0$) は A の固有値を表す．また $\mathrm{diag}(v_0, \cdots, v_{N-1})$ は v_i を i 番目の対角要素にもつ対角行列を表す．このとき，この微分方程式の硬さが以下の式，

$$s = \frac{|\lambda_0|}{|\lambda_{N-1}|} \tag{5.24}$$

で定義され，微分方程式の数値的不安定性を表す 1 つの指標となる．なぜなら s が大きいということは，この方程式には長い時間スケール $1/|\lambda_{N-1}|$ と短い時間スケール $1/|\lambda_0|$ の両方が含まれていることを意味しているが，長い時間スケールの現象を記述するために長時間 ($T \sim 1/|\lambda_{N-1}|$) 式を解く必要があるのに対し，刻み幅を短い時間スケールより小さく（前進オイラー法であれば $h < 2/|\lambda_0|$ と）しなければ計算が不安定となってしまうためである．実際，非常に大きな s をもつ微分方程式を陽解法で解くのは現実的ではなく，このような場合には，適切な変数変換を施してあらかじめ時間スケールを揃えてやるか，あるいは陰解法を用いて微分方程式を解く必要がある．

適応刻み幅制御

これまで紹介した手法では，まず刻み幅 h を固定して離散化を考えた．数値積分の場合もそうであったが，計算精度の観点から，誤差を見積もりながら刻み幅を自動調整して計算する手法もよく用いられ，適応刻み幅制御と呼ばれる．例えば，ある時刻 t における $x(t)$ から $x(t+2h)$ を計算することを考えよう．このとき，刻み幅を $2h$ とし 1 ステップで計算した解 $x(t+2h; 2h)$ と刻み

この領域の大きさは，オイラー法やルンゲ-クッタ法といった解法の詳細にもよっているが，高次の近似を用いたからといってこの領域が増えるわけではない点に注意されたい．

[5]非線形の場合は，ある点 $\boldsymbol{x}^*$ の近傍を考え，A を $\boldsymbol{x}^*$ でのヤコビアンとみなすことで同様の議論ができる．ただし，これはあくまで局所的な安定性についてであり，非線形問題の大域的な安定性についてはより詳細な議論が必要である．

幅を h として 2 ステップで計算した解 $x(t+2h;h)$ の差,

$$\epsilon \sim |x(t+2h;h) - x(t+2h;2h)| \tag{5.25}$$

を誤差の指標として用いるのが適当であろう. 誤差が望んだ精度より大きければ刻み幅をさらに半分にして同様の見積もりを繰り返せばよい.

Python での実装について

微分方程式を取り扱う SciPy パッケージも数値積分と同様 scipy.integrate である. この中の solve_ivp 関数が初期値問題 (initial value problem) を扱う汎用関数であり, method オプションで指定したさまざまなアルゴリズムを用いることができる. この章で紹介した手法はもちろん, 陰的なルンゲ-クッタ法の一種である Radau 法なども収録されているため, さまざまな問題に適用できる[6]. 注意点として, すべてのメソッドで適応刻み幅制御が実装されているため, 刻み幅を固定した計算をすることができない. そのような場合には自作する必要があるので, 以下の例題を参考に実装してみよう[7].

---

[6]このほか, 本書で紹介していないがよく用いられる手法の 1 つに線形多段法がある. これは $x(t_{i+1})$ の計算に $x(t_i)$ (陰的であれば $x(t_{i+1})$ も) だけでなく, それ以前の $x(t_{i-1})$, $x(t_{i-2}), \cdots$ も用いて, その線形和で次ステップを決定する手法で, BDF や LSODA を指定することで使用できる.

[7]例えば, 特定のシンプレクティック積分法を用いたい場合や, 第 10 章で取り扱う確率微分方程式を解きたい場合など, 刻み幅を固定したい場合も意外と多い.

例題 7　RC 回路

　オイラー法を実装し，時刻 $t = 0$ で定電圧 V に接続される RC 直列回路をシミュレーションせよ．$x(t)$ をコンデンサの両端にかかる電圧として，

$$CR\frac{dx(t)}{dt} = V - x(t), \quad x(0) = 0$$

を解けばよい（パラメータは $C = 1\,\mathrm{nF}$, $R = 1\,\mathrm{k\Omega}$, $V = 1\,\mathrm{V}$ とせよ）．同様の計算を 2 次のルンゲ–クッタ法でも行え．

考え方

　時間を $CR = 1\,\mu\mathrm{s}$, 電圧を $V = 1\,\mathrm{V}$ を単位に測ると，解くべき式は

$$\frac{dx(t)}{dt} = 1 - x(t), \quad x(0) = 0$$

となり，解析解は $x(t) = 1 - e^{-t}$ で与えられる．オイラー法の実装は式 (5.4) を，2 次のルンゲ–クッタ法の実装は式 (5.6) と式 (5.7) を用いればよい．あとで使用する solve_ivp 関数で参照できるよう，微分方程式右辺を記述する関数の引数を (t, x) としておくとよいだろう．

‖解答‖

　オイラー法に関しては，例えば，以下のような実装が考えられる．

```python
rhs = lambda t, x: 1 - x   # 関数 rhs(t,x) = 1-x を定義
def Euler(rhs, t, x0, args=()):
    # tは計算する時刻の配列, x0は初期値x(t=0)
    # 関数の引数指定ができるようargs=()としておく(第2章参照)
    ans = [x0]
    for i in range(len(t)-1):
        x1 = x0 + (t[i+1] - t[i]) * rhs(t[i], x0, *args)
        ans.append(x1)
        x0 = x1
    return np.array(ans) # 戻り値は各時刻のx(t_i)が格納された配列
```

2 次のルンゲ-クッタ法の場合は，Euler 関数を

```
def RK2(rhs, t, x0, args=()):
    ans = [x0]
    for i in range(len(t)-1):
        h = t[i+1]-t[i]
        p1 = x0 + 0.5 * h * rhs(t[i], x0, *args)
        x1 = x0 + h * rhs(t[i] + 0.5 * h, p1, *args)
        ans.append(x1)
        x0 = x1
    return np.array(ans)
```

で置き換えればよい．解析解と重ねて図示するには，例えば，

```
t = np.linspace(0, 10, 20)
I = 1-np.exp(-t)
y_Euler, y_RK2 = Euler(rhs, t, 0), RK2(rhs, t, 0)
plt.xlabel("time [$\mu$s]")
plt.ylabel("voltage [V]")
plt.plot(t, y_Euler, c="red", ls=":", label="Euler")
plt.plot(t, y_RK2, c="blue", ls="--", label="RK2")
plt.plot(t, I, c="green", ls="-", label="analytical")
# colorはc，linestyleはlsと省略することができる
plt.legend()
plt.show()
```

などとする．図 5.1 のようなプロットが得られればうまく計算できている．分割数を増やして計算結果が解析解に近づくことや計算時間のチェックをしてみてほしい．

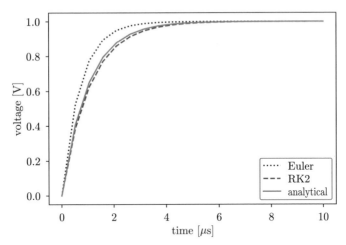

図 5.1: RC 回路のシミュレーション結果.

例題 8　放射性物質の崩壊

放射性物質の崩壊速度はその総数 n に比例する．すなわち，

$$\frac{dn(t)}{dt} = -kn(t), \quad n(0) = n_0$$

である．この微分方程式を解いて崩壊過程をシミュレーションせよ．ただし，計算には scipy.integrate.solve_ivp を用いよ．

考え方

前問とほとんど同じ問題設定だが，ここでは SciPy 関数の使い方を練習しよう．n_0 を総数，$1/k$ を時刻の単位として測ると式が簡略化され，解析解は $m(t) = e^{-t}$ となる．n が半分になるまでの時間 τ は半減期と呼ばれ，$\tau = \log 2$（元の単位系では $\tau = \log 2/k$）で与えられる．

‖解答‖

プロットする部分まで含めて，例えば以下のように書くことができる．

```python
from scipy.integrate import solve_ivp
rhs = lambda t, x: - x  # 前と同様に，tも指定しておく
x0, t = [1], np.linspace(0, 10, 20)
sol = solve_ivp(fun=rhs, t_span=[0,10], y0=x0, t_eval=t)
 # fun:右辺の関数, t_span:開始，終時刻, y0:初期値, t_eval:出力時刻
 # 戻り値はクラスで，例えばsol.success=Trueなら正常終了
 # sol.y:t_evalでの値の配列, sol.nfev:関数が評価された回数など
I = np.exp(-t)
plt.plot(t, sol.y[0], c="red")
plt.plot(t, I, c="black", ls="dashed")
plt.show()
```

solve_ivp 関数はデフォルトで（陽的）ルンゲ–クッタ法を用いる．計算結果と解析解がほぼ一致しているのが確認できるだろう．

例題 9   RLC 回路

定電圧 V 下にあった RLC 直列回路を，時刻 $t = 0$ で不連続に $V = 0$ とするときのシミュレーションをせよ．解くべき式は，

$$LC\frac{d^2x(t)}{dt^2} + RC\frac{dx(t)}{dt} + x(t) = 0, \quad x(0) = V, \quad \frac{dx(0)}{dt} = 0$$

である．$L = 1\,\mathrm{mH}$ とし，そのほかのパラメータは例題 7 と同様とする．

考え方

例題 7 と同じ単位系をとり，連立 1 階微分方程式の形に書き直すと，

$$\dot{x}_1 = x_2, \qquad \dot{x}_2 = -x_1 - x_2$$

となる．ただし $x_1 = x(t)$, $x_2 = dx(t)/dt$ を表し，初期条件は $x_1(0) = 1$, $x_2(0) = 0$ となる．例題 7 で実装した Euler 関数などはそのまま使用できるので，再利用してみよう．

‖解答‖

Python では引数の型を指定しないから，単に配列を初期値に指定して

```
rhs = lambda t, x: np.array([x[1], -x[0]-x[1]])
x0, t = np.array([1,0]), np.linspace(0, 10, 50)
y = Euler(rhs, t, x0)
plt.plot(t, y)   # 複数のデータをまとめて描くこともできる.
```

とすれば，連立方程式にも適用できる．`solve_ivp` を用いるなら，

```
sol = solve_ivp(fun=rhs, t_span=(0,10), y0=x0, t_eval=t)
plt.plot(sol.t, sol.y.T)
```

などとしてプロットすればいい（解の行列インデックスが `solve_ivp` 関数と自作のもので異なることに注意）．このような汎用性の高い書き方が簡単にできるのは Python の利点だろう．

例題 10　反応速度論

化合物 A, B, C の濃度，y_A, y_B, y_C の時間変化が以下の微分方程式

$$\dot{y}_A(t) = -2k_1 y_A^2(t) + 2k_1 y_B(t), \qquad\qquad y_A(0) = 1$$

$$\dot{y}_B(t) = k_1 y_A^2(t) - k_1 y_B(t) - k_2 y_B(t) + k_2 y_C(t), \qquad y_B(0) = 0$$

$$\dot{y}_C(t) = k_2 y_B(t) - k_2 y_C(t), \qquad\qquad y_C(0) = 0$$

で与えられる化学反応 $2A \underset{}{\overset{k_1}{\rightleftarrows}} B$, $B \underset{}{\overset{k_2}{\rightleftarrows}} C$ を考える．$k_1 = 1$, $k_2 = 100$ とし，例題 7 で実装した関数や `scipy.integrate.solve_ivp` 関数を用いて濃度の時間変化を計算せよ[8].

考え方

実装自体は今までと変わらないので，例えば，例題 7 で定義した関数を用いて計算してみよう．計算がうまくいかない場合は分割数を増やして試してみてほしい．きちんとした結果が得られたら，今度は k_1 と k_2 を適当に変化させて，解の挙動を調べてみよう．

‖解答‖

まずは，右辺を評価する関数を定義する．

```
def rhs(t, y, k1, k2):
    ya, yb, yc = y[0], y[1], y[2]
    dya = -2 * k1 * ya**2 + 2 * k1 * yb
    dyb = k1 * ya**2 - (k1 + k2) * yb + k2 * yc
    dyc = k2 * yb - k2 * yc
    return np.array([dya, dyb, dyc])
```

ここで，例題 7 で定義した 2 次のルンゲ–クッタ法を用いて，

```
x0, t = np.array([1,0,0]), np.linspace(0, 10, 100)
```

---

[8]ここでは時刻 t の単位 t_0 を適当にとり，k_1 と k_2 を $1/t_0$ 単位で測っているものとする．ただし，濃度を無次元量と考える．

```
y = RK2(rhs, t, x0, (1, 100))
plt.plot(t, y)
plt.show()
```

としてみると，"overflow encountered"と警告が出てしまう．実際に計算がう
まくいっていないことは，グラフを見ても明らかだろう．実は，この微分方程
式は硬い微分方程式の一種であり，陽解法で解こうとすると，非常に大きな n
を必要とする．例えば，今のパラメータ領域で 2 次のルンゲ-クッタ法を収束
させるには，$n = 2000$ 程度が必要である．

さて，この問題に solve_ivp 関数を適用してみよう．試しに[9]

```
sol = solve_ivp(fun=rhs, t_span=(0,10), y0=x0, \
        method="RK23", t_eval=t, args=(1,100), rtol=1e-4)
  # argsで関数rhsに渡す引数を，rtolで計算精度を指定．
plt.plot(sol.t, sol.y.T)
plt.show()
```

とすると，正しいグラフが表示される（sol.success を確認せよ）．これは
適応刻み幅制御により，狙った精度（今の場合は相対精度が 10^{-4} 以下）と
なるように分割数が調整されるためである．print(sol.nfev) としてみると
solve_ivp の計算中に右辺を評価した回数を確認できる．試しに，k_2 の値を
大きくし，微分方程式をより硬くして同じコードを実行すると，この回数がど
んどん増えていくことがわかるだろう[10]．このような問題には，素直に陰解法
を適用するのが好ましい．例えば method="Radau" と指定して陰解法を用い
ると，右辺の評価回数は k_2 にほとんど依存しなくなる．

---

[9]1つの文が複数行にまたがる際はバックスラッシュでつなげることができる．
[10]具体的には，$k_2 = 10^2$ で $n = 2423$，$k_2 = 10^4$ で $n = 238820$．k_2 は微分方程式
の線形項のパラメータであるから，単純に短い時間スケールを 10^{-2} 程度小さくすることに
対応する．前進オイラー法などの陽解法では，短い時間スケール $1/c$ に対して刻み幅 h を
$h \lesssim 1/c$ とする必要があったから，今の場合 k_2 の値に対して線形に計算量が増加してしま
う．

6 線形代数

─────《 内容のまとめ 》─────

　線形代数問題の解析は数値計算の得意とするところの1つだが，実際，単純な行列積の計算から固有値問題の解法まで，さまざまな問題設定に応じて洗練された多くの手法が存在する．Python の場合，NumPy や SciPy の linalg モジュールを用いればその詳細を意識する必要はないと思うが，基本を抑えておかないと非効率な計算をしてしまうこともあるだろう．この章では，線形連立方程式と固有値問題の代表的な解法を学びながら，これについてみていこう．まず最初に，以下の線形連立方程式を考える（A を N 次元正則行列とする）[1].

$$Ax = b \tag{6.1}$$

誰もが思いつくやり方は，逆行列 A^{-1} をまず求め，$x = A^{-1}b$ とする方法だが，実はこれより効率の良い手法が知られている．

LU 分解

　L を単位左下三角行列，U を右上三角行列として $A = LU$ の形に分解する手法を **LU 分解**と呼ぶ[2]．これを用いると $Ax = LUx = b$ より，問題は

---

[1]本書では基本的にベクトル量を太字（x など）で表す．特に断りがない限り x は列ベクトルを表すものとし，行ベクトルを表したいときは x^T などと書く．また，ベクトル同士の内積を $x^T y$ あるいは $x \cdot y$ で，ベクトル同士の直積を xy^T あるいは $x \otimes y$ で表す．

[2]$L = [\ell_{ij}]$ と書いたとき，$\ell_{ii} = 1$ かつ $i < j$ で $\ell_{ij} = 0$ となる行列．同様に，$U = [u_{ij}]$ について，$i > j$ で $u_{ij} = 0$．この分解は A のすべての首座小行列が正則であるとき可能で，かつ一意に決まることが知られている．本書の $\ell_{ii} = 1$ とする流儀（ドゥーリトル (Doolittle) 法）のほか，$u_{ii} = 1$ とする流儀（クラウト (Crout) 法）もある．

$U\boldsymbol{x} = \boldsymbol{y}$ と $L\boldsymbol{y} = \boldsymbol{b}$ に分解される. 例として $N = 3$ のケースを書き下すと,

$$\begin{pmatrix} 1 & 0 & 0 \\ \ell_{10} & 1 & 0 \\ \ell_{20} & \ell_{21} & 1 \end{pmatrix} \begin{pmatrix} y_0 \\ y_1 \\ y_2 \end{pmatrix} = \begin{pmatrix} b_0 \\ b_1 \\ b_2 \end{pmatrix}, \quad \begin{pmatrix} u_{00} & u_{01} & u_{02} \\ 0 & u_{11} & u_{12} \\ 0 & 0 & u_{22} \end{pmatrix} \begin{pmatrix} x_0 \\ x_1 \\ x_2 \end{pmatrix} = \begin{pmatrix} y_0 \\ y_1 \\ y_2 \end{pmatrix}$$

であるから, 前進代入および後退代入と呼ばれる以下の操作,

$$y_i = b_i - \sum_{j=0}^{i-1} \ell_{ij}y_j, \qquad x_i = \frac{1}{u_{ii}} \left(y_i - \sum_{j=i+1}^{N-1} u_{ij}x_j \right) \tag{6.2}$$

で逐次的に解くことができる (ただし, $\sum_{j=0}^{-1} = 0$ などとする). ここで, $y_0 \to y_{N-1}$, 次に $x_{N-1} \to x_0$ の順番で計算することに注意すると, この計算に必要な演算数は $\mathcal{O}(N^2)$ であることがわかる. 次の問題は $A = LU$ なる L と U を見つけることだが, これは代数的な操作だけで構成できることが知られている. 具体例として, ドゥーリトル (Doolittle) 法のアルゴリズムでは, まず $\ell_{ii} = 1$ $(i = 0, \cdots, N-1)$ とおき, 次に $j = 0$ から $N-1$ まで以下を繰り返す[3].

$$u_{ij} = a_{ij} - \sum_{k=0}^{i-1} \ell_{ik}u_{kj} \qquad \text{for } i = 0, \cdots, j \tag{6.3}$$

$$\ell_{ij} = \frac{1}{u_{jj}} \left(a_{ij} - \sum_{k=0}^{j-1} \ell_{ik}u_{kj} \right) \qquad \text{for } i = j+1, \cdots, N-1 \tag{6.4}$$

一見複雑そうに見えるが, N が小さい場合において実際に $LU = A$ の式を書き下し, u_{ij} や ℓ_{ij} を求めるプロセスを考えてみれば, きちんと理解できるだろう. さて, このやり方で $\boldsymbol{x}$ を求めるのに必要な演算回数は $\mathcal{O}(N^3)$ であるが, それでも逆行列を用いる方法に比べて $1/3$ 倍程度ですむことが知られている[4]. したがって, 式 (6.1) の形の方程式に出会ったら, 使うべき関数は `linalg.inv` ではなく, `linalg.solve`[5]である. 一度 L と U が求まってしま

---

[3]このやり方だと, $a_{00} = 0$ のときに計算が実行できない. これを避けるため, 通常 LU 分解のコードにはピボット選択という手法が実装されており, 置換行列 P を用いて $A = PLU$ と分解する.

[4]LU 分解法と逆行列法の演算回数の比較については, 例えば文献 [6, 7] などを参照.

[5]付録やこの章最後の Python での実装についてを参照.

えば，異なる $\boldsymbol{b}$ に対して $\boldsymbol{x}$ を求めるのに $\mathcal{O}(N^2)$ であるから，この点でも逆行列法と遜色ない点に注意しよう．

反復法

さて，LU 分解を用いた方法では，代数的な操作だけで $A\boldsymbol{x} = \boldsymbol{b}$ を解くことができた．このような手法を直接法と呼ぶが，直接法ではどうしても $\mathcal{O}(N^3)$ の演算が必要であり，N が大きい場合には使用できない．では N が大きい場合はどうするかというと，反復法と呼ばれる手法で解ける場合がある．これは，元の $A\boldsymbol{x} = \boldsymbol{b}$ から適当な漸化式を導出し，それを逐次的に解くことで $\boldsymbol{x}$ を求める手法で，収束に必要なステップ数を P としたとき $\mathcal{O}(PN^2)$ の演算数ですむ．直接法と比べて精度は明らかに劣るが，物理の問題で必要な精度を出すだけなら，$P \ll N$ である場合が多い．また，反復法には疎行列（成分のほとんどが零である行列）を扱うのが容易という大きなメリットもある．行列 A の零でない要素数が N^2 でなく，むしろ N に比例するような問題は物理で頻出し，単純な書き換えで必要な演算数を $\mathcal{O}(PN)$ とすることができる．ここでは，A が正定値対称[6,7]な場合に使用できる，最急降下法と共役勾配法について簡単に紹介しよう（より単純なヤコビ (Jacobi) 法とガウス–ザイデル (Gauss-Seidel) 法については第 8 章で紹介する）．

最急降下法と共役勾配法

A が正定値対称のとき $A\boldsymbol{x} - \boldsymbol{b} = 0$ の解は，関数 $f(\boldsymbol{x}) = \frac{1}{2}\boldsymbol{x}^T A\boldsymbol{x} - \boldsymbol{x}^T\boldsymbol{b}$ を最小化する $\boldsymbol{x}$ と等しいので，$f(\boldsymbol{x})$ を最小化する条件から $\boldsymbol{x}$ を求めてみよう．ある点 $\boldsymbol{x}_i$ を考えると，この点において $\boldsymbol{r}_i = -\boldsymbol{\nabla}f(\boldsymbol{x}_i) = \boldsymbol{b} - A\boldsymbol{x}_i$ が関数の減少する方向であるから，$\boldsymbol{r}_i$ 方向に次の $\boldsymbol{x}_{i+1}$ を選ぶのが良さそうである．つまり，適当な初期値 $\boldsymbol{x}_0$ から出発し，重み α_i を用いて，

$$\boldsymbol{x}_{i+1} = \boldsymbol{x}_i + \alpha_i \boldsymbol{r}_i, \tag{6.5}$$

とすると，これが最急降下法の漸化式となる．ここで，α_i は $f(\boldsymbol{x}_{i+1})$ を最小

---

[6] $A = A^T$ かつ任意の零でない $\boldsymbol{z}$ に対して $\boldsymbol{z}^T A\boldsymbol{z} > 0$ となる行列．このとき，A の固有値はすべて実で正となる．A が負定値対称な場合は，最大と最小を読みかえれば以下の議論がそのまま成り立つ．

[7] A が正定値対称の場合には，$A = LL^T$ の形に分解するコレスキー (Cholesky) 分解も適用できる．演算回数はドゥーリトル法による LU 分解と比べて約半分となる．

化する条件から $\alpha_i = (\boldsymbol{r}_i^T \boldsymbol{r}_i)/(\boldsymbol{r}_i^T A \boldsymbol{r}_i)$ と決めることにしよう．この考察は一見もっともらしく思われるが，残念ながら収束があまりよくないことが知られている．この事実は $\boldsymbol{r}_i^T \boldsymbol{r}_{i+1} = \boldsymbol{r}_i^T (\boldsymbol{r}_i - \alpha_i A \boldsymbol{r}_i) = 0$ であることに気づくと想像がつくだろう．これが意味するのは，（ジグザグ走行のように）毎回のステップで $\boldsymbol{x}_i$ の更新方向が直交しているということであり，とても効率が良いようには思えない．

　一方，共役勾配法では勾配の方向 $\boldsymbol{r}_i = \boldsymbol{b} - A\boldsymbol{x}_i$ と，$\boldsymbol{x}_i$ の更新の方向 $\boldsymbol{p}_i$ を別々にとり，$\boldsymbol{x}_0, \boldsymbol{r}_0 = \boldsymbol{b} - A\boldsymbol{x}_0, \boldsymbol{p}_0 = \boldsymbol{r}_0$ から以下に従って更新する．

$$\boldsymbol{x}_{i+1} = \boldsymbol{x}_i + \alpha_i \boldsymbol{p}_i \tag{6.6}$$

$$\boldsymbol{r}_{i+1} = \boldsymbol{r}_i - \alpha_i A \boldsymbol{p}_i \tag{6.7}$$

$$\boldsymbol{p}_{i+1} = \boldsymbol{r}_{i+1} + \beta_i \boldsymbol{p}_i \tag{6.8}$$

ここで，α_i は最急降下法のときと同様に $f(\boldsymbol{x}_{i+1})$ を最小化する条件から決め，$\alpha_i = (\boldsymbol{r}_i^T \boldsymbol{p}_i)/(\boldsymbol{p}_i^T A \boldsymbol{p}_i)$ とする．一方，β_i は $\boldsymbol{r}_i \cdot \boldsymbol{r}_j = 0$ がすべての $j < i$ について成り立つ（すなわち，ベクトル $\boldsymbol{r}_0, \cdots, \boldsymbol{r}_i$ が一次独立となる）ように決め，結果は $\beta_i = (\boldsymbol{r}_{i+1}^T \boldsymbol{r}_{i+1})/(\boldsymbol{r}_i^T \boldsymbol{r}_i)$ となる[8]．ここで，$\boldsymbol{r}_i = \boldsymbol{b} - A\boldsymbol{x}_i$ は解の残差を表すベクトルであることに注意してほしい．N 次元空間で互いに直交する一次独立なベクトルは N 個しか存在しないから，これが意味するのは，$N+1$ ステップ目のベクトル $\boldsymbol{r}_N$ は確実に $\boldsymbol{r}_N = 0$ となる，すなわち解が求まるということである[9]．実際，共役勾配法は線形連立方程式の反復解法としては非常に強力で，A が対称でない場合にも適用できるよう修正された双共役勾配法や，収束性をより向上させた双共役勾配安定化法など，さまざまな派生が存在する．計算において，行列ベクトル積とベクトル内積しか用いないため，$\mathcal{O}(PN^2)$（A が疎行列であれば $\mathcal{O}(PN)$）であることに注意されたい．

---

[8]同様に $\boldsymbol{p}_i^T A \boldsymbol{p}_j = 0 \ (j < i)$ も満たされる（このとき，$\boldsymbol{p}_i$ と $\boldsymbol{p}_j$ が A について共役であるという）．$\beta_i = (\boldsymbol{r}_{i+1}^T \boldsymbol{r}_{i+1})/(\boldsymbol{r}_i^T \boldsymbol{r}_i)$ と選んだとき $\boldsymbol{r}_i \cdot \boldsymbol{r}_j = 0$ かつ $\boldsymbol{p}_i^T A \boldsymbol{p}_j = 0$ であることは帰納法によって示されるが，詳細は文献 [12] などを参照してほしい．

[9]つまり，収束がもっとも悪い場合においても $\mathcal{O}(N^3)$ の計算コストで，直接法と同じオーダーとなる．ちなみに，$\{\boldsymbol{r}_0, \boldsymbol{r}_1, \cdots\}$ は $\{\boldsymbol{b}, A\boldsymbol{b}, \cdots\}$ の線型結合によって張られるから，共役勾配法はクリロフ部分空間法の一種とみなせる（72 ページの脚注を参照）．

固有値問題

さて，次に固有値問題を考えよう．

$$Au = \lambda u \tag{6.9}$$

固有値問題は線形連立方程式と異なり，有限回の代数的操作によって厳密な解を求める直接法は存在しないので，必然的に反復法を用いる必要がある[10]．行列 A の性質によってさまざまな解法が考案されており，そのすべてを概観するのは著者の能力を大きく超えている．ここでは，基本となる考え方と，具体的なアルゴリズムをいくつか紹介するのに留めよう．より包括的な内容や最新のアルゴリズムに興味のある読者は，文献 [13] などを参照してほしい．

固有値問題の分類と概観

そもそも固有値問題の問題設定はさまざまであるから，その解法が異なるのも当然といえば当然である．アルゴリズムに大きく関わるのは (i) 固有値と固有ベクトルの両方が必要か，固有値のみでいいか，や (ii) すべての固有値が必要か，最大（あるいは最小）固有値から適当な数のみ必要か，などの問題設定と (iii) A が対称行列か非対称行列か，や (iv) A が密行列か疎行列か，などの行列 A の性質となる．(ii) に関しては，最大固有値のみが必要であれば次に紹介するべき乗法がシンプルで効率も良い．一方，複数あるいはすべての固有値が必要な場合の解法としては，まず適当な相似変換で扱いやすい行列（三重対角行列やヘッセンベルグ行列[11]）に変換し，その後適当なアルゴリズム（QR法や分割統治法）を用いて固有値・固有ベクトルを求めるというのが現在の主流である．ここでは，疎行列な対称行列の三重対角化に広く用いられるランチョス法を紹介する．必要な演算回数もアルゴリズムによる部分が大きいが，基本的に数個の固有値・固有ベクトルを求める場合は $\mathcal{O}(N^2)$（疎行列なら $\mathcal{O}(N)$），すべての固有値・固有ベクトルを求める場合は $\mathcal{O}(N^3)$ であることが多い．

---

[10]固有値は，$\det(A - \lambda I) = 0$ の解として与えられるが，一般に 4 次より高次の方程式に代表的な解の公式がないのはよく知られた事実だろう．

[11]$H = [h_{ij}]$ と書いたとき，$i > j + 1$ なら $h_{ij} = 0$ となる行列．

べき乗法

べき乗法は，固有値問題の解法の中でもっとも単純なものであり，通常，絶対値が最大の固有値とその固有ベクトルを求めるのに使用される[12]．以下，A の固有値と固有ベクトルを λ_i および $\boldsymbol{u}_i$ $(i = 0, \cdots, N-1)$ と書き，すべての固有値は単根である（$|\lambda_0| > \cdots > |\lambda_{N-1}|$ と並べる）と仮定する．べき乗法に対応する漸化式は以下で与えられる．

$$\boldsymbol{x}_{p+1} = \frac{A\boldsymbol{x}_p}{||A\boldsymbol{x}_p||} \tag{6.10}$$

ただし，初期ベクトル $\boldsymbol{x}_0$ は $||\boldsymbol{x}_0|| = 1$ となるように選ぶ．十分収束したのち $\lambda_0 = \boldsymbol{x}_p^T A \boldsymbol{x}_p$ かつ $\boldsymbol{x}_p = \boldsymbol{u}_0$ となることが，次のように示される．

まず，式 (6.10) を繰り返し用いると $\boldsymbol{x}_p = A^p \boldsymbol{x}_0 / ||A^p \boldsymbol{x}_0||$ であるが，仮定より $\boldsymbol{x}_p = \sum_{i=0}^{N-1} \alpha_{p,i} \boldsymbol{u}_i$ と展開できるため，両辺の係数を比較することで，

$$\alpha_{p,i} = \frac{1}{||A^p \boldsymbol{x}_0||} \alpha_{0,i} \lambda_i^p \tag{6.11}$$

を得る．ここで $i \neq 0$ の $|\alpha_{p,i}|$ の大きさを評価すると，

$$|\alpha_{p,i}| \leq \frac{|\alpha_{p,i}|}{|\alpha_{p,0}|} = \frac{|\alpha_{0,i}|}{|\alpha_{0,0}|} \frac{|\lambda_i|^p}{|\lambda_0|^p} \xrightarrow{p \to \infty} 0 \tag{6.12}$$

（$||\boldsymbol{x}_p|| = 1$ より $|\alpha_{p,0}| \leq 1$ に注意）であるから $\boldsymbol{x}_p \xrightarrow{p \to \infty} \boldsymbol{u}_0$，よって $\boldsymbol{x}_p^T A \boldsymbol{x}_p \xrightarrow{p \to \infty} \lambda_0 ||\boldsymbol{u}_0||^2 = \lambda_0$ となる．この導出からわかるように，初期値に選んだ $\boldsymbol{x}_0$ が $\boldsymbol{x}_0^T \boldsymbol{u}_0 = 0$ であると λ_0 でなく，λ_1 が得られてしまう．逆に，まずべき乗法で λ_0 と $\boldsymbol{u}_0$ を求め，これに直交する初期値 $\boldsymbol{x}_0$ を使ってもう一度べき乗法を行うということを繰り返すことで，いくつかの固有値を求めることもできる．行列ベクトル積は $\mathcal{O}(N^2)$（疎行列なら $\mathcal{O}(N)$）であるから，収束に必要なステップ数を P としたとき，必要な演算回数は $\mathcal{O}(PN^2)$（疎行列なら $\mathcal{O}(PN)$）となる[13]．

逆反復法

さて，任意の固有値 λ_j がすでにわかっている場合，その固有ベクトルをべき乗法で求めることできる（**逆反復法**）．具体的には，λ_j に十分近い定数 $\bar{\lambda}_j$

---

[12]定数シフト $A - \mu I$ で最大固有値か最小固有値かを選ぶことができる点に注意．

[13]式 (6.12) からわかるように収束回数は $|\lambda_1/\lambda_0|$ に依存し，$P \sim \mathcal{O}(1/\log|\lambda_1/\lambda_0|)$ 程度と見積もられる．$|\lambda_0| \approx |\lambda_1|$ のときは極めて収束が悪いので，注意が必要．

を用いて行列 $(A-\bar\lambda_j I)^{-1}$ を定義し，これに対してべき乗法を適用する．あるいは，

$$(A-\bar\lambda_j I)\boldsymbol{y}_p = \boldsymbol{x}_p, \quad \boldsymbol{x}_{p+1} = \frac{\boldsymbol{y}_p}{||\boldsymbol{y}_p||} \tag{6.13}$$

を LU 分解で解くといってもよいだろう．この手法は，別の手法で求めた固有値の固有ベクトルを求めるために使用されるほか，一度求めた固有値の精度を改善させる目的でも用いられる．最初に LU 分解を用いるから，反復法ではあるものの $\mathcal{O}(\max(N^3, PN^2))$ である点に注意．

ランチョス法

物理で頻出する疎な対称行列に対する固有値問題に対しては，ランチョス (**Lanczos**) 法が有効である[14]．この手法では，まず行列を扱いやすい三重対角行列に変換し，得られた行列に対して適当な手法で固有値や固有ベクトルを求める．具体的なアルゴリズムであるが，初期値 $\boldsymbol{x}_0$ から出発して，以下の漸化式に従い $\boldsymbol{x}_p$ を更新する．

$$\boldsymbol{y}_p = A\boldsymbol{x}_p - \beta_{p-1}\boldsymbol{x}_{p-1} - \alpha_p\boldsymbol{x}_p, \tag{6.14}$$
$$\boldsymbol{x}_{p+1} = \boldsymbol{y}_p/\beta_p \tag{6.15}$$

ただし，$\beta_{-1}=0$ と選び，$\alpha_p = \boldsymbol{x}_p^T A\boldsymbol{x}_p$ および $\beta_p = ||\boldsymbol{y}_p||$ と定義した．このように構成した $\boldsymbol{x}_p$ が $\boldsymbol{x}_p^T\boldsymbol{x}_{p'} = \delta_{pp'}$ を満たすことは直接計算で確認できる[15]．さて，式 (6.14), (6.15) は

---

[14]非対称行列に対する同様の計算手法にアーノルディ (Arnoldi) 法がある．
[15]証明のため，まず $\tilde\beta_p = \boldsymbol{x}_p^T A\boldsymbol{x}_{p+1}$ を用いた以下の漸化式を考えよう．

$$\beta_{p-1}\boldsymbol{x}_p = A\boldsymbol{x}_{p-1} - \tilde\beta_{p-2}\boldsymbol{x}_{p-2} - \alpha_{p-1}\boldsymbol{x}_{p-1}$$

このとき，$p, p' < n$ に対し $\boldsymbol{x}_p^T\boldsymbol{x}_{p'} = \delta_{pp'}$ であるなら $p, p' < n+1$ に対しても $\boldsymbol{x}_p^T\boldsymbol{x}_{p'} = \delta_{pp'}$ であることが次のように示される：まず，$p=n$ とおいた漸化式と $\boldsymbol{x}_{n-1}$ との内積をとることで，ただちに $\boldsymbol{x}_{n-1}^T\boldsymbol{x}_n = 0$ が示される．同様にして $\boldsymbol{x}_{n-2}^T\boldsymbol{x}_n = 0$ である．次に，$A = A^T$ を用いると $m > 2$ に対して $\beta_{n-1}(\boldsymbol{x}_n^T\boldsymbol{x}_{n-m}) = \boldsymbol{x}_{n-1}^T A\boldsymbol{x}_{n-m}$ であるが，漸化式より $A\boldsymbol{x}_{n-m}$ は $\boldsymbol{x}_{n-m+1}, \boldsymbol{x}_{n-m}, \boldsymbol{x}_{n-m-1}$ の線型和で書かれるため，仮定と併せて $\boldsymbol{x}_n^T\boldsymbol{x}_{n-m} = 0$ となる．$p, p' < 2$ に対して $\boldsymbol{x}_p^T\boldsymbol{x}_{p'} = \delta_{pp'}$ は明らかであるから，帰納法により任意の p, p' に対して $\boldsymbol{x}_p^T\boldsymbol{x}_{p'} = \delta_{pp'}$ がいえる．最後に，上の漸化式と $\boldsymbol{x}_p$ の内積をとることで，$\beta_p = \tilde\beta_p$ がわかるため，結局，式 (6.14) と式 (6.15) から構成される $\boldsymbol{x}_p$ は $\boldsymbol{x}_p^T\boldsymbol{x}_{p'} = \delta_{pp'}$ を満たす．

$$A\boldsymbol{x}_p = \beta_p \boldsymbol{x}_{p+1} + \beta_{p-1} \boldsymbol{x}_{p-1} + \alpha_p \boldsymbol{x}_p \tag{6.16}$$

と書き直されるが，これは $\boldsymbol{x}_p$ を基底に取り直したとき，A が

$$B = \begin{pmatrix} \alpha_0 & \beta_0 & & \\ \beta_0 & \alpha_1 & \beta_1 & \\ & \beta_1 & \alpha_2 & \beta_2 \\ & & \beta_2 & \alpha_3 \end{pmatrix} \tag{6.17}$$

のように表される（$N = 4$ の場合を示した）．つまり，三重対角行列 B が，$B = V^T A V$ かつ $V = (\boldsymbol{x}_0, \cdots, \boldsymbol{x}_{N-1})$ で与えられることを意味している．ここで，$\boldsymbol{x}_p$ の規格直交性から V が直交行列である点に注意しよう．いったん B が得られたら，べき乗法で固有値や固有ベクトルを求めることができる．ランチョス法の良い点は，三重対角化のステップを適当な回数 P で打ち切ったとしても，そこまでの $\boldsymbol{x}_p$ から作られる三重対角行列 $B_P = V_P^T A V_P$（$V_P = (\boldsymbol{x}_0, \cdots, \boldsymbol{x}_{P-1})$）の固有値・固有ベクトルが A の固有値・固有ベクトル（を V_P で回転させたもの）の良い近似となる点である[16]．さて，三重対角行列は要素数が N に線形な疎行列で，固有値も $\mathcal{O}(N)$ で求められるため，計算コストを支配するのは三重対角化の部分である．特に，打ち切り回数を P としたときの計算コストは $\mathcal{O}(PN^2)$ であり，A が疎行列であれば $\mathcal{O}(PN)$ となる．

疎行列

最後に，これまでも少し触れてきたが，Python での疎行列の取り扱いについて紹介しておこう．物理の問題においては，これまで扱ってきた行列 A が疎行列（特に，その要素数が N に線形なもの）である場合が多い．例えば，

---

[16]特に，絶対値最大の固有値・固有ベクトルの精度が良い．これを見るには，$B_P \bar{\boldsymbol{u}}_P = \lambda_P \bar{\boldsymbol{u}}_P \Leftrightarrow V_P^T (A V_P - \lambda_P V_P) \bar{\boldsymbol{u}}_P = 0$ より，λ_P および $\boldsymbol{u}_P = V_P \bar{\boldsymbol{u}}_P$ は $\boldsymbol{x}_p \cdot (A \boldsymbol{u}_P - \lambda_P \boldsymbol{u}_P) = 0$ を満たす．つまり，$\{\boldsymbol{x}_0, \cdots, \boldsymbol{x}_{P-1}\}$ で張られる部分空間上に限れば，$A \boldsymbol{u} = \lambda \boldsymbol{u}$ の解と等しいことに注意する．このような λ_P をリッツ (Ritz) 値，$\boldsymbol{u}_P$ をリッツベクトルと呼ぶ．ここで，部分空間 $\{\boldsymbol{x}_0, \boldsymbol{x}_1 \cdots, \boldsymbol{x}_{P-1}\}$ は $\{\boldsymbol{x}_0, A\boldsymbol{x}_0, \cdots, A^{P-1}\boldsymbol{x}_0\}$ の線型結合によって張られるベクトル空間と等価である点に注意しよう．べき乗法の解説で述べたように，$A^{P-1}\boldsymbol{x}_0$ は $P \to \infty$ の極限で A の最大固有値に対応する固有ベクトルに収束するから，この部分空間はその成分が効率良く含まれるよう構成されている．このように，ベクトル $\boldsymbol{x}$ とその A のべき乗による像で張られる空間をクリロフ (Krylov) 部分空間と呼び，クリロフ部分空間を用いる計算手法をクリロフ部分空間法と呼ぶ．

行列ベクトル積 $A\boldsymbol{x}$ にかかる演算数は，本来 $\mathcal{O}(N^2)$ であるが，A がそのような疎行列であれば $\mathcal{O}(N)$ ですむ．このような場合，例えば

```
N = 10000
x, A = np.random.rand(N), np.random.rand(N,N)
A[A>1/N] = 0 # 行列Aのうち，1/N以上の要素を零としている
A@x             # 通常の行列ベクトル積演算
```

としてしまうと，値が零の要素についても通常通り演算が行われてしまうため，$\mathcal{O}(N^2)$ の計算時間がかかってしまう．

　Python で疎行列を取り扱う一番簡単な方法は，scipy.sparse モジュールを活用することで，例えば

```
from scipy.sparse import csr_matrix
A_csr = csr_matrix(A) # ndarray形式の密行列から疎行列を生成
A_csr*x               # 疎行列と密ベクトルの積を計算
                      # 行列ベクトル積が@でなく*である点に注意
```

などとして，元の密行列から疎行列を定義し，演算に用いるというやり方である[17]．ここで，csr というのは Compressed Sparse Row の略で，疎行列における非零要素の格納方式を表している．さまざまな格納方式についてここで紹介する余裕はないが，csr 形式は $A\boldsymbol{x}$ などの演算速度が速いスタンダードな格納形式であり，よく利用される．ただし，上の方法だと密行列 A をいったん作成し，それを疎行列 A_csr に変換するため，密行列 A を作成する際の計算コストやメモリは削減できない．非零要素の位置が最初からわかっている場合は，それのみで疎行列を定義するほうがはるかに効率的である．この際便利なのが coo 形式で，これは非零要素の値，行と列のインデックスという直感的

---

[17]SciPy の バ ー ジ ョ ン 1.8.0 か ら scipy.sparse.csr_matrix な ど に 対 応 して scipy.sparse.csr_array などの numpy.ndarray と互換性の高いクラスが登場した．SciPy のホームページでは，新しくコードを書く際は後者の使用を推奨しているが，前者と後者では記法が多少異なるため，注意してほしい．

な格納方式が採用されているから，例えば

```
from scipy.sparse import coo_matrix
data = [1., 2., 3., 4., 5.]
row = [0, 0, 1, 2, 2]
col = [2, 3, 3, 2, 4]
A_coo = coo_matrix((data, (row, col)), shape=(5, 5))
A_csr = csr_matrix(A_coo) # A_coo.tocsr()としてもよい
```

などとして，coo 形式を経由して csr 行列を作ることができる[18]．ここでは，
row, col で非零要素の位置を指定して，そこに data の値を設定している．
試しに疎行列を numpy.ndarray 形式に変換するメソッド toarray() を使っ
て出力してみると，

```
print(A_csr.toarray())
>> [[0. 0. 1. 2. 0.]
    [0. 0. 0. 3. 0.]
    [0. 0. 4. 0. 5.]
    [0. 0. 0. 0. 0.]
    [0. 0. 0. 0. 0.]]
```

のようになる．そのほか，よく使用されるメソッドとして，

```
from scipy.sparse import linalg, diags
A_csr = diags(np.ones(10), format="csr")
 # ベクトルから対角成分のみの疎行列を生成する
A_csr.shape      # numpy.ndarrayと同様，(行,列)の次元を返す
eig, vec = linalg.eigs(A_csr, k=2)
```

---

[18]csr 行列の格納方式に則って直接定義することもでき，そのほうが効率は良い．csr 形式
と coo 形式は演算速度にそこまで違いが出ない場合もあるが，SciPy のドキュメントでは行
列積や行列ベクトル積などの基本演算には csr 形式の使用を推奨している．

```
# 疎行列に対する線形代数演算はscipy.sparse.linalgで行う.
# eigsは一般行列の最大値からk個までの固有値を求める関数
```

をあげておこう. 対称/エルミートな疎行列については linalg.eigsh が対角化の関数となっており, ランチョス法を基礎としたアルゴリズムが実装されている. またベクトルに対する作用から, 行列作用素として疎行列を定義することもできるが, これについては例題 14 や付録を参照してほしい.

Python での実装について

線形代数演算には LAPACK と呼ばれる優れた Fortran ライブラリが存在し, Python の場合は numpy.linalg あるいは scipy.linalg モジュールからそのサブルーチンを呼び出して使うことができる[19]. 重要な点として, LAPACK サブルーチンは対象とする行列の性質に応じて最適化されており, Python から呼び出す際はそれを明示的に指定する必要がある. 例えば, solve は連立線形方程式を解く関数だが, これはデフォルトで LAPACK の dgetrs ルーチンを呼び出しており, LU 分解がベースとなっている. 対称行列に対してはコレスキー分解のほうが半分の計算コストであるが, これを使用するには assume_a="sym" と指定しなければならない (これを指定するには, numpy.linalg.solve でなく scipy.linalg.solve を用いる必要がある). また, 固有値問題に関しては一般行列 (linalg.eig) と対称/エルミート行列 (linalg.eigh) で関数が分かれているので, これについても注意されたい. そのほか, 疎行列に対する共役勾配法が scipy.sparse.linalg.cg に実装されている.

---

[19]疎行列に対する scipy.sparse.linalg は Sparse BLAS がベースで, 固有値問題については ARPACK が用いられている.

例題11　線形連立方程式

N 次元正則行列 A と M 個の N 次元ベクトル $\boldsymbol{b}_i$ に対し,

$$A\boldsymbol{x}_i = \boldsymbol{b}_i, \quad (i = 0, \cdots M - 1)$$

の解 $\boldsymbol{x}_i$ を求めたい. 適当なランダム行列 A とベクトル $\boldsymbol{b}$ を定義し, この計算にかかる時間を逆行列 A^{-1} と LU 分解を用いるやり方で比較せよ.

考え方

ランダム行列やベクトルの生成には numpy.random.rand 関数を用いる. 逆行列の計算は numpy.linalg.inv 関数を, LU 分解法に関しては, これが実装されている numpy.linalg.solve 関数を用いればよい.

‖解答‖

例として, $N = 3000, M = 100$ として行列 A とベクトル $\boldsymbol{b}$ を定義する.

```
A, b = np.random.rand(3000, 3000), np.random.rand(3000, 100)
```

これと, %%timeit を用いて以下のように時間が計測できる.

```
%%timeit
x = np.dot(np.linalg.inv(A),b)
```

2 行目を x = np.linalg.solve(A, b) としたものと比較すると, solve 関数 (LU 分解) のほうが 3 倍程度速いことがわかるだろう[20].

例題11 の発展問題

11-1. 練習として, 式 (6.3) と式 (6.4) を Python で実装し, 任意の行列を LU 分解してみよう. scipy.linalg.lu 関数を用いた計算と比較し, どの程度計算時間が異なるか, 確認してみてほしい.

---

[20] $N \gg M$ であれば, 計算時間はほぼ M に依存しない点に注意してほしい. 間違っても, x = [np.linalg.solve(A, y) for y in b.T] のような解き方をしてはいけない.

例題 12　量子ハイゼンベルグ模型の対角化 I

2 サイトの $S = 1/2$ ハイゼンベルグ模型[21]のハミルトニアンは

$$H = \frac{J}{2} \left(S_1^+ S_2^- + S_1^- S_2^+ + 2 S_1^z S_2^z \right)$$

で与えられる．$J = 1$ としてハミルトニアンを行列で表し，対角化せよ．

考え方

サイト i のスピン演算子 S_i^+, S_i^-, S_i^z は，S_i^z の固有状態 $|\pm_i\rangle$ に対して，

$$S_i^\pm |\mp_i\rangle = |\pm_i\rangle, \quad S_i^\pm |\pm_i\rangle = 0, \quad S_i^z |\pm_i\rangle = \pm\frac{1}{2} |\pm_i\rangle$$

と定義される．よって，$(|+_1, +_2\rangle, |-_1, +_2\rangle, |+_1, -_2\rangle, |-_1, -_2\rangle)$ を基底として，

$$H = \frac{1}{4} \begin{pmatrix} 1 & 0 & 0 & 0 \\ 0 & -1 & 2 & 0 \\ 0 & 2 & -1 & 0 \\ 0 & 0 & 0 & 1 \end{pmatrix}$$

である．これを定義して，対角化すればよい．

解答

```
A = np.array([[1,0,0,0], [0,-1,2,0], [0,2,-1,0], [0,0,0,1]])/4
eig, vec = np.linalg.eigh(A)
```

これはスピン角運動量の合成を表しており，固有値は $-3/4$ が 1 つ（一重項）と三重縮退した $1/4$ となる（三重項）．サイト数が多くなると，このように直接行列を書き下すのは現実的でないため，適当なアルゴリズムを用いて行列を作成する必要がある（次の例題を参照）．

---

[21]物質中の磁性を記述するための模型としてしばしば用いられる．スピン演算子についての詳細は文献 [14] などの量子力学の教科書を，量子ハイゼンベルグ模型についての詳細は文献 [15] などの磁性の教科書を参考にしてほしい．ちなみに，今はディラック定数 $\hbar = 1$ の単位系をとり，J をエネルギーの単位としている．

例題 13   量子ハイゼンベルグ模型の対角化 II

前問のスピンが一方向につながった模型を考えよう（$J = 1$ とした）.

$$H = \frac{1}{2} \sum_{i=0}^{N-1} \left(S_i^+ S_{i+1}^- + S_i^- S_{i+1}^+ + 2S_i^z S_{i+1}^z \right)$$

ただし，周期境界条件を課すものとする．任意の N に対してハミルトニアン行列を求めるプログラムを作成し，行列を対角化せよ.

考え方

$|+\rangle$ と $|-\rangle$ を 2 進数の 0 と 1 で表現すると，$|+_0, -_1, -_2, \cdots, +_{N-1}\rangle$ など 2^N 個の状態が，単に 0 から $2^N - 1$ までの数字で表される．スピン演算子を行列表示するのに，以下で定義されるビット演算を用いてみよう.

```
a = 0b11    # 0bをつけると2進数表記を表す. つまり a=3 と同じ
a & 0b01    # & はビットごとの and を表す. 結果は 0b01
a | 0b01    # | はビットごとの or を表す. 結果は 0b11
a ^ 0b01    # ^ はビットごとの xor を表す. 結果は 0b10
```

例えば，4 サイト問題 $(i = 0, 1, 2, 3)$ で $(0, 1)$ サイト間のボンド (0b1100) を考えよう．このとき，ボンド上の 2 スピンが同符号かどうかを & 演算子を用いて表すことができる．つまり，ある状態 $|\phi\rangle$ が数字 n_ϕ に対応するとき，0b1100 & n_ϕ が 0b0000 か 0b1100 であれば同符号，そうでなければ異符号である．また，

$$4S_0^z S_1^z |\phi\rangle = \begin{cases} |\phi\rangle & \text{2 スピンが同符号} \\ -|\phi\rangle & \text{2 スピンが異符号} \end{cases}$$

$$(S_0^- S_1^+ + S_0^+ S_1^-) |\phi\rangle = \begin{cases} 0 & \text{2 スピンが同符号} \\ |\psi\rangle & \text{2 スピンが異符号} \end{cases}$$

であるから，これを用いて各演算子を行列表示することができる．ここで，$|\psi\rangle$ は $|\phi\rangle$ のボンド上スピンを反転させた状態で，^ 演算子を用いて $n_\psi = n_\phi$^0b1100 と書くことができる．この考え方を一般化したものを実

装してみよう.

‖解答‖

指定されたボンドの組に対して，ハミルトニアン行列を求める関数が以下にように定義できる.

```
def HMatrix(ns, bl):
    dim = 2**ns
    H = np.zeros([dim, dim])
    ind = np.arange(dim) # スピン状態を表す配列
    for bond in bl:        # それぞれのbondに対して計算する
        bs = ind & bond
        ind1 = (bs != 0) & (bs != bond)
        # 各状態に対しボンド上の2スピンが異符号ならTrueとなる配列
        H[ind,ind] += 1 - 2*ind1  # 対角要素に +1 or -1
        ind2 = ind[ind1]
        # ボンド上の2スピンが異符号の状態を抜き出した配列
        H[ind2^bond, ind2] += 2  # 非対角要素
    return H/4
```

ここで ns はサイト数，bl はボンドを指定する配列である．1次元配列と数字の間のビット演算や配列同士の論理演算は，それぞれの要素ごと計算される．これまでの例より複雑だが，落ち着いて考えてみてほしい．これを用いて，例えば，3サイトハイゼンベルグ模型を計算したいなら

```
H = HMatrix(3, [0b011, 0b110, 0b101]) # リストは[3,6,5]でも同じ
eig, vec = np.linalg.eigh(H)
```

とする．一般の $N > 2$ について bl を定義するのにもいろいろなやり方があると思うが，例として以下のような手法をあげよう.

```
bl = [3<<i for i in range(N-1)] + [2**(N-1)+1]
# << はビットシフト演算子．周期的にならないので，補正を加えている
```

例題 14 　量子ハイゼンベルグ模型の対角化 III

　例題 13 で求めたハミルトニアン行列はサイト数 N が増えると急速に
次元が大きくなり，対角化が難しくなる．そこで H が疎行列であること
に注目し，これを用いた対角化を実装してみよう．

考え方

　疎行列の取り扱いには scipy.sparse モジュールを使うのがいいだろ
う（内容のまとめを参照）．思いつくやり方をいろいろ試してみてほしい
が，以下では LinearOperator を使う方法を紹介する．

‖解答‖

　一番単純には，行列 H が定義された状態で，

```
from scipy.sparse import csr_matrix, linalg
H_csr = csr_matrix(H)
eig, vec = linalg.eigsh(H_csr, 3, which="SA")
  # whichは計算する固有値の指定. SAは値が小さいものから計算
  # LAは値の大きいもの, SM,LMはそれぞれ絶対値の小さい,大きいもの
  # から順に計算してk(=3)個出力する
```

などとすればよい．$N = 12$ くらいまではこれでうまくいくものの，さらに N
が大きくなると，H 行列の生成や疎行列への変換に時間がかかり，また行列
確保に必要なメモリも足りなくなる．これを回避する 1 つの方法は，Hmatrix
関数を書き換え，非零要素の値と行列インデックスの配列を返すように変更す
ることである．それを用いて疎行列を定義すれば，この問題は生じない[22]．
　もう 1 つのやり方は H を行列作用素として定義し直し，eigsh に渡すとい
うやり方である．実際，固有値問題を定義するのに行列そのものは必要なく，
行列ベクトル積の変換性だけで情報としては十分である．例えば，

---

[22]具体的なやり方はこの例題の発展問題解答を参照.

```
def multiplyH(v, bl):
    bl = np.array(bl)
    vind = np.arange(len(v))        # スピン状態を表す配列
    vn = np.zeros_like(v)           # vと同じ形状で値が0の行列
    for bond in bl:
        bs = vind & bond
        ind1 = (bs != 0) & (bs != bond)
        vn[vind] += v[vind] * (1-2*ind1)    # 対角項
        ind2 = vind[ind1]
        vn[ind2 ^ bond] += v[ind2] * 2      # 非対角項
    return vn/4
```

などとして，与えられたベクトルに対する H の作用を定義し，

```
N = 16
bl = [3<<i for i in range(N-1)] + [2**(N-1)+1]
H = lambda v : multiplyH(v, bl)
op = linalg.LinearOperator(shape=(2**N, 2**N), matvec=H)
 # shapeで行列の次元を指定. matvacは行列ベクトル積Axの作用を指定
 # 問題によってはA^Hxや行列行列積ARなどが必要となり，それぞれ
 # rmatvecとmatmatで指定する
eig, vec = linalg.eigsh(op, k=3, which="SA")
```

として固有値を計算する．サイト数を増やしたとき，計算時間がどのように増加するかを調べてみてほしい．基底数が 2^N であり，行列の非零要素数も基底数に比例するから，サイトを1つ増やしたとき，計算時間が倍になっていれば効率良く計算されている．

例題14の発展問題

14-1. 1次元 N サイトハイゼンベルグ模型はベーテ仮設による厳密解が知られている[23]. 基底状態エネルギーを $1/N$ の関数としてプロットし, $N = \infty$ における基底状態のエネルギーを評価せよ（厳密解は $E/N = -\log 2 + 1/4$). また, この系は全スピン角運動量 S^z が保存しており, S^z が異なるハミルトニアンの非対角要素成分は零である. これを用いて計算の効率化を図れ.

---

[23]かなり専門的な内容を含むが, 詳細に興味があれば教科書 [16] などを参照してほしい.

7 根の探索問題

――――《 内容のまとめ 》――――

　前章の最初に線形連立方程式の解法について学んだ. ここでは非線形な場合も含めて, より一般に根の探索問題を考えてみよう. まず最初に, 以下の1次元方程式の解 x を求める方法を考える.

$$f(x) = 0 \tag{7.1}$$

これは一見単純そうに見えるが, どのような $f(x)$ にも使える汎用的なアルゴリズムを考えるのは, そう簡単ではない.

二分法

　$f(x)$ が単調関数で解が1つのような状況を考えよう. このような場合には二分法と呼ばれる手法が強固であり, 実装も単純である. 具体的なアルゴリズムは, 以下の通りである.

1. $f(x_1)f(x_2) < 0$ となるような初期値 x_1 と上限 x_2 を定める
2. x_1 と x_2 の中点 x_M を求める
3. $f(x_M)f(x_1) > 0$ なら x_1 を, そうでなければ x_2 を x_M で置き換える
4. 2. に戻って操作を繰り返す

図を描いて確認してみれば収束性が保証されることは納得できるだろう. では, $f(x)$ が単調でなく, 解がいくつもあるような場合はどのようにすればよいだろうか？ このような場合は, まず最初に元の区間を適当な微小区間 $[x_i, x_{i+1}]$ に分割し, $f(x_i)f(x_{i+1}) < 0$ となる区間について, それぞれ二分法を適用することで解決できるだろう.

さて，より一般的な $f(x)$ を考えると，例えば上のアルゴリズムだと $f(x) = 1/(x-a)$ の特異点 a も見つけてしまうことに気づく．この問題は，$|f(x)| \xrightarrow{x \to a} \infty$ の振る舞いから条件分岐などで簡単に取り除けるが，重根 $f(x) = (x-a)^2$ の探索にはどう適用してよいわからない．また，より一般的には，

$$f(x) = 0 \tag{7.2}$$

のような，N 次元の非線型方程式[1]を扱いたいわけであるが，二分法の式 (7.2) への拡張は困難である．さらには，二分法の誤差精度はステップ数 P に対して $\mathcal{O}(2^{-P})$ 程度であるが，この収束の遅さもできれば改善したい．

ニュートン法

このような問題に対処できるより汎用的な手法を探すため，$f(x)$ に可微分性を課し，これまでと同様，テイラー展開によるアプローチを考えてみよう．まず最初に初期値 x_i を選び，このまわりで $f(x)$ を展開してみると，

$$f(x) = f(x_i) + f'(x_i)(x - x_i) + \sum_{n=2}^{\infty} \frac{f^{(n)}(x_i)}{n!}(x - x_i)^n \tag{7.3}$$

であるが，ここで次の点 x_{i+1} を，

$$x_{i+1} = x_i - \frac{f(x_i)}{f'(x_i)} \tag{7.4}$$

と選ぶことにすれば，式 (7.3) 右辺第 1 項と第 2 項がキャンセルすることがわかる．このステップを何度も繰り返して十分収束した（すなわち，$x_{i+1} = x_i = x^*$ となった）と仮定すると，第 3 項以降も $(x^* - x_i)^n = 0$ より消え，$f(x^*) = 0$，つまり x^* が求めていた解となる．このようにして解を求めるアルゴリズムをニュートン (Newton) 法と呼ぶ．

ニュートン法の利点は二分法で生じた重根の問題が生じないほか，収束も二分法より早い[2]．また，より一般には，

---

[1]本章では，特に変数の数（x の次元）と方程式の本数（f の次元）が等しいもののみを取り扱う．また解の一意性は仮定しないが，解が少なくとも 1 つ以上存在することを仮定する．

[2]$f(x^*) = 0$ および $r_i = x_i - x^*$（$|r_i| \ll 1$）とすると，

$$\boldsymbol{x}_{i+1} = \boldsymbol{x}_i - H_i \boldsymbol{f}(\boldsymbol{x}_i) \qquad (7.5)$$

とするだけで，多次元の問題にも拡張することができる．ここで，以下の式で
定義されるヤコビアン，

$$\boldsymbol{\nabla} \boldsymbol{f}(\boldsymbol{x}) = \begin{pmatrix} \frac{\partial f_0(\boldsymbol{x})}{\partial x_0} & \cdots & \frac{\partial f_0(\boldsymbol{x})}{\partial x_{N-1}} \\ \vdots & \ddots & \vdots \\ \frac{\partial f_{N-1}(\boldsymbol{x})}{\partial x_0} & \cdots & \frac{\partial f_{N-1}(\boldsymbol{x})}{\partial x_{N-1}} \end{pmatrix} \qquad (7.6)$$

を用いて，$H_i = (\boldsymbol{\nabla}\boldsymbol{f}(\boldsymbol{x}_i))^{-1}$ と定義した．実際の計算では $H_i\boldsymbol{f}(\boldsymbol{x}_i)$ を計算
する代わりに $\boldsymbol{\nabla}\boldsymbol{f}(\boldsymbol{x}_i)\boldsymbol{u} = \boldsymbol{f}(\boldsymbol{x}_i)$ の解 $\boldsymbol{u}$ を LU 分解などで求め，$\boldsymbol{x}_{i+1} = \boldsymbol{x}_i -$
$\boldsymbol{u}$ から $\boldsymbol{x}_{i+1}$ を決定する（第 6 章を参照）．

　欠点として，(i) 解が複数ある場合，二分法では初期値 x_1, x_2 で囲った解が
必ず求まるが，ニュートン法で狙った解を求めるのは一般に難しい．また，
(ii) $f(x)$ だけでなく，その 1 階微分 $f'(x)$ まで任意の x で必要であるから，
$f'(x)$ の解析的な表式が求まらない場合や，その評価コストが大きい場合には
適用できない．(iii) 毎回のステップでの更新幅が $(f'(x))^{-1}$ に比例するため，
$f(x)$ の極値に近い x で数値的に不安定となる．このほか，(iv) N 次元問題
だと LU 分解に $\mathcal{O}(N^3)$ のコストがかかる点にも注意が必要である．これは，
$\boldsymbol{f}(\boldsymbol{x})$ の評価コストが大きい場合には大した問題にならないが，そうでない場
合には，むしろ LU 分解が計算のボトルネックとなってしまう．これらの問題
のうち (ii) に関しては，$f'(x)$ や $\boldsymbol{\nabla}\boldsymbol{f}(\boldsymbol{x})$ を数値差分によって求めてしまえば
回避できそうであるが，実はある種の数値差分を用いると同時に (iv) も解決
できる．これを以下で見てみよう．

割線法とブロイデン法

　ニュートン法において，$f'(x)$ や $\boldsymbol{\nabla}\boldsymbol{f}(\boldsymbol{x})$ を数値差分によって評価する手法
を準ニュートン法と呼ぶ．特に，1 次元に対するものは割線法と呼ばれ，以下

$$r_{i+1} = r_i - \frac{f(x_i)}{f'(x_i)} \approx r_i - \frac{f'(x^*)r_i + \frac{1}{2}f''(x^*)r_i^2}{f'(x^*) + f''(x^*)r_i} = \frac{1}{2}\frac{f''(x^*)r_i^2}{f'(x^*) + f''(x^*)r_i}.$$

右辺分母は $f'(x^*) \gg f''(x^*)r_i$ であるから，$|r_{i+1}| = c|r_i|^2$．この性質を 2 次収束とい
う．二分法は 1 次収束（$|r_{i+1}| = c|r_i|$）であるから，ニュートン法のほうが収束が早い．ち
なみに，x^* が重根の場合は，$f'(x^*) = 0$ であるからニュートン法でも 1 次収束となる．

の更新を用いる.

$$x_{i+1} = x_i - f(x_i) \frac{x_i - x_{i-1}}{f(x_i) - f(x_{i-1})} \tag{7.7}$$

ここでは,微分 $f'(x_i)$ の近似値を $f'(x_i)(x_i - x_{i-1}) = f(x_i) - f(x_{i-1})$ と差分化している.割線法の多次元版は $\nabla \boldsymbol{f}(\boldsymbol{x}_i)$ を

$$\nabla \boldsymbol{f}(\boldsymbol{x}_i)(\boldsymbol{x}_i - \boldsymbol{x}_{i-1}) = \boldsymbol{f}(\boldsymbol{x}_i) - \boldsymbol{f}(\boldsymbol{x}_{i-1}) \tag{7.8}$$

で求めることに対応するが,1次元の場合と異なり式 (7.8) だけでは $\nabla \boldsymbol{f}(\boldsymbol{x}_i)$ は一意に決まらない.そこで,この自由度をうまく用いて,

$$\nabla \boldsymbol{f}(\boldsymbol{x}_i) = \nabla \boldsymbol{f}(\boldsymbol{x}_{i-1}) + \frac{(\delta \boldsymbol{f}_i - \nabla \boldsymbol{f}(\boldsymbol{x}_{i-1})\delta \boldsymbol{x}_i) \otimes \delta \boldsymbol{x}_i}{||\delta \boldsymbol{x}_i||^2} \tag{7.9}$$

と定義すると,これが式 (7.8) を満たすことは容易に確かめられる.ただし,$\delta \boldsymbol{x}_i = \boldsymbol{x}_i - \boldsymbol{x}_{i-1}$,$\delta \boldsymbol{f}_i = \boldsymbol{f}(\boldsymbol{x}_i) - \boldsymbol{f}(\boldsymbol{x}_{i-1})$ と定義し,$\boldsymbol{a} \otimes \boldsymbol{b}$ はベクトル $\boldsymbol{a}, \boldsymbol{b}$ の直積(i 行 j 列要素を $a_i b_j$ とする N 次元行列)を表す.この表式の良い点は,シャーマン-モリソン (Sherman-Morrison) 公式により,$\nabla \boldsymbol{f}(\boldsymbol{x}_i)$ の逆行列 (H_i) を $\mathcal{O}(N^2)$ で更新できることである[3].具体的な更新規則は,

$$H_i = H_{i-1} + \frac{(\delta \boldsymbol{x}_i - H_{i-1}\delta \boldsymbol{f}_i) \otimes (H_{i-1}^T \delta \boldsymbol{x}_i)}{\delta \boldsymbol{x}_i^T H_{i-1} \delta \boldsymbol{f}_i} \tag{7.10}$$

で与えられ,ブロイデン (**Broyden**) 法と呼ばれる.ブロイデン法では,初期値として $\boldsymbol{x}_0$ および H_0 を与えれば,更新にかかる計算コストは $\mathcal{O}(PN^2)$ であり,$\boldsymbol{f}(\boldsymbol{x})$ の評価コストがあまり大きくない場合に特に有効な手法となる.ちなみに,今回は式 (7.9) の更新によって式 (7.8) を満たしたが,このような更新は,ほかにもさまざまなものが考えられる.代表的な手法に BFGS(Broyden-Fletcher-Goldfarb-Shanno) 法があり,単純なブロイデン法よりも安定性の高い手法としてよく用いられる.

---

[3] A を N 次元正則行列,$\boldsymbol{b}$ と $\boldsymbol{c}$ をそれぞれ N 次元ベクトルとしたとき,

$$(A + \boldsymbol{b} \otimes \boldsymbol{c})^{-1} = A^{-1} - \frac{(A^{-1}\boldsymbol{b}) \otimes ([A^{-1}]^T \boldsymbol{c})}{1 + \boldsymbol{c}^T A^{-1} \boldsymbol{b}}$$

をシャーマン-モリソン公式と呼ぶ.A^{-1} がすでに求まっていれば,右辺の評価に必要なのは行列ベクトル積の計算だけとなり,計算コストは $\mathcal{O}(N^2)$ となる.このように行列 A を $A \leftarrow A + \boldsymbol{x} \otimes \boldsymbol{y}$ として更新する方法を,行列の階数 1 更新 (rank-1 update) と呼ぶ.

パウエル混合法

さて，ブロイデン法を用いると (ii) と (iv) の問題が回避できると述べたが，(iii) の問題についても回避する方法がいろいろと考案されている．その中でも特に有名な手法がパウエル (**Powell**) 混合法[4]とレーベンバーグ–マーカート (**Levenberg-Marquardt**) 法[5]である．どちらも問題を非線形最小二乗問題にマップする手法であり，ニュートン法と最急降下法（第 6 章）の中間的な性質をもつ．考え方は似ているので，ここではパウエル混合法のみ簡単に紹介しよう．

さて，解くべき問題は $\boldsymbol{f}(\boldsymbol{x}) = \boldsymbol{0}$ なる $\boldsymbol{x}$ を探すことだが，これは関数，

$$F(\boldsymbol{x}) = \frac{1}{2}||\boldsymbol{f}(\boldsymbol{x})||^2 \tag{7.11}$$

を最小にする $\boldsymbol{x}$ を探す問題と等価である．ある点 $\boldsymbol{x}_i$ において $\boldsymbol{r}_i^{\mathrm{SD}} = -\boldsymbol{\nabla} F(\boldsymbol{x}_i) = -(\boldsymbol{\nabla}\boldsymbol{f}(\boldsymbol{x}_i))^T \boldsymbol{f}(\boldsymbol{x}_i)$ が関数の減少する方向なので，適当なパラメータ α_i を用いて $\boldsymbol{x}_{i+1} = \boldsymbol{x}_i + \alpha_i \boldsymbol{r}_i^{\mathrm{SD}}$ と更新するのが最急降下法であった．ここで，第 6 章でやったように α_i は $F(\boldsymbol{x}_{i+1})$ が最小となるように決めるとすると，結果は

$$\alpha_i = \frac{||\boldsymbol{r}_i^{\mathrm{SD}}||^2}{||\boldsymbol{\nabla}\boldsymbol{f}(\boldsymbol{x}_i)\boldsymbol{r}_i^{\mathrm{SD}}||^2} \tag{7.12}$$

となる[6]．一方，ニュートン法では式 (7.5) より $\boldsymbol{x}_{i+1} = \boldsymbol{x}_i + \boldsymbol{r}_i^{\mathrm{N}}$ $(\boldsymbol{r}_i^{\mathrm{N}} = -H_i \boldsymbol{f}(\boldsymbol{x}_i))$ である．ここで，適当な半径 Δ を設定し，$\delta\boldsymbol{x}_i = \boldsymbol{x}_{i+1} - \boldsymbol{x}_i$ を以下のように選ぶ更新方法をパウエル混合法と呼ぶ．

1. $||\boldsymbol{r}_i^{\mathrm{N}}|| \leq \Delta$ であれば $\delta\boldsymbol{x}_i = \boldsymbol{r}_i^{\mathrm{N}}$
2. $||\boldsymbol{r}_i^{\mathrm{N}}|| > \Delta, ||\alpha_i\boldsymbol{r}_i^{\mathrm{SD}}|| \geq \Delta$ なら $\delta\boldsymbol{x}_i = \Delta\boldsymbol{r}_i^{\mathrm{SD}}/||\boldsymbol{r}_i^{\mathrm{SD}}||$
3. $||\boldsymbol{r}_i^{\mathrm{N}}|| > \Delta, ||\alpha_i\boldsymbol{r}_i^{\mathrm{SD}}|| < \Delta$ なら $\delta\boldsymbol{x}_i = \alpha_i\boldsymbol{r}_i^{\mathrm{SD}} + s(\boldsymbol{r}_i^{\mathrm{N}} - \alpha_i\boldsymbol{r}_i^{\mathrm{SD}})$

ただし，最後のケースで s は $||\delta\boldsymbol{x}_i|| = \Delta$ となるよう設定する[7]．この手法は

---

[4]パウエルドッグレッグ法 (Powell's dog leg method) とも呼ばれる．

[5]減衰最小二乗法 (Damped least-squares method) とも呼ばれる．

[6]$F(\boldsymbol{x}_{i+1}) = \frac{1}{2}F(\boldsymbol{x}_i + \alpha_i\boldsymbol{r}_i^{SD}) \approx \frac{1}{2}||\boldsymbol{f}(\boldsymbol{x}_i) + \alpha_i\boldsymbol{\nabla}\boldsymbol{f}(\boldsymbol{x}_i)\boldsymbol{r}_i^{SD}||^2$ と近似したのち，$\partial F(\boldsymbol{x}_{i+1})/\partial\alpha_i = 0$ から α_i を求めると式 (7.12) が得られる．

[7]どの場合でも $||\delta\boldsymbol{x}_i|| \leq \Delta$ である点に注意されたい．つまり，$\boldsymbol{x}_i$ を中心とした半径 Δ の球内でのみ $\boldsymbol{f}(\boldsymbol{x}_i)$ の線形近似が有効であると考え，$\boldsymbol{x}_{i+1}$ がこの領域から外れるときはもう一度計算を要求するようになっている．このように近似の有効な範囲を設定し，その中に次ステップが収まるように更新していく方法を信頼領域法と呼ぶ．

$f(x)$ の極値付近で $||r_i^N||$ が非常に大きくなってしまうニュートン法の問題を，確実に関数の減少方向に向かう最急降下法により補正する更新とみなすこともできるし，あるいはジグザグステップで収束の遅かった最急降下法をニュートン法で加速させた方法と見ることもできる．計算上はヤコビアンが解析的に求まっていることが望ましいが，準ニュートン法のように数値差分で置き換えてやることも可能である．

固定点問題（自己無撞着方程式）

最後に，固定点問題あるいは自己無撞着方程式と呼ばれる

$$g(x) = x \tag{7.13}$$

の形の方程式について考えよう．これは物理のさまざまな分野に現れる重要な方程式であるが，もっとも単純には逐次代入 $x_{i+1} = g(x_i)$ で解くことができる．収束が悪いときにはパラメータ α $(1 > \alpha > 0)$ を用いて

$$x_{i+1} = x_i + \alpha(g(x_i) - x_i) \tag{7.14}$$

のように1つ前の解を混ぜながら更新する（**単純混合法**）ことで，しばしば改善される．ここで，$g(x) - x = f(x)$ とおけば，固定点問題と根の探索問題は基本的に等価であることに注意しよう．例えば，単純混合法をブロイデン法のスキームから眺めてみると，ヤコビアン $\nabla f(x_i)$ を $\nabla f(x_i) = -\alpha^{-1}I$ とおくことに対応する（これに基づいてブロイデン法の初期値を $\nabla f(x_0) = -\alpha^{-1}I$ と選ぶことも多い）．また，混合法の立場から考えると，x_{i+1} の計算に x_i だけでなく，それ以前の計算結果（例えば $x_{i-m}, \cdots, x_i$ まで）も利用しようというのは，自然な発想と思われる．実際，$\{x_{i-m}, \cdots, x_i\}$ や $\{f(x_{i-m}), \cdots, f(x_i)\}$ を適当に重み付けした量として $\bar{x}_i$ および $\bar{f}_i$ を定義し，

$$x_{i+1} = \bar{x}_i + \alpha\bar{f}_i \tag{7.15}$$

とする更新手法はアンダーソン (**Anderson**) 混合法と呼ばれている[8]．同じようにブロイデン法でも x_i 以前の計算結果を参照する方法が考えられ，それら

---

[8] $\bar{x}_i$ と $\bar{f}_i$ の具体的な表式は以下で与えられる．

は修正ブロイデン法あるいは一般化ブロイデン法と呼ばれる．これらの手法は物性物理の諸問題で広く用いられている．

Python での実装について

Python では `scipy.optimize` が非線形方程式や最適化問題に関する総合的なモジュールになっており，その中から適切な関数を選択することになる．今回紹介した非線形問題の解法は `root_scalar` 関数（1次元問題）あるいは `root` 関数（多次元問題）に収録されており，`root_scalar` 関数では `method="bisect"`（二分法）や `"newton"`（ニュートン法）などが，`root` 関数では `method="broyden1"`（ブロイデン法），`"linearmixing"`（単純混合法），`"anderson"`（アンダーソン混合法）などを指定できる．また `root` 関数のデフォルト `"hybr"` はパウエル混合法をベースにしたアルゴリズム[9]であり，ヤコビアンの計算が解析的にできる場合に特に強力である（ヤコビアンの指定なしでも用いることはできる）．なお，固定点問題は `fixed_point` 関数でも取り扱うこともできる．

$$\bar{x}_i = x_i + \sum_{j=1}^{m} \theta_{i,j}(x_{i-j} - x_i), \quad \bar{f}_i = f(x_i) + \sum_{j=1}^{m} \theta_{i,j}(f(x_{i-j}) - f(x_i))$$

ここで，パラメータ $\theta_{i,j}$ は $\sum_{j=1}^{m} \theta_{i,j} = 1$ かつ $E = (\bar{f}_i \bar{f}_i)$ を最小化するという条件から，毎回のステップで計算される．DIIS 法あるいはピューレイ (Pulay) 混合法などとも呼ばれる．

[9]Fortran パッケージの MINPACK を内部で呼び出している．このパッケージでは $F(x)$ の定義式にスケーリング因子を加えて収束性を向上させ，さらにパラメータ Δ も自動で決定できるよう修正されたアルゴリズム（修正パウエル混合法）が実装されている．

例題 15　化学ポテンシャル

グランドカノニカル分布で粒子数 n が一定の系を考えたい場合，n の期待値が一定となるよう化学ポテンシャル μ を決定する必要がある[10]．具体例として，3次元理想フェルミオン気体を考えると，この条件は

$$\langle n \rangle - n = \int_0^\infty d\varepsilon \frac{\rho(\varepsilon)}{e^{\beta(\varepsilon-\mu)}+1} - n = 0$$

で与えられる．ここで，状態密度 $\rho(\varepsilon)$ は $\rho(\varepsilon) = \frac{3}{2}c\sqrt{\varepsilon}$ と定義され（c は $[\varepsilon^{-3/2}]$ の次元をもつ定数），逆温度 β はボルツマン定数 k_B と温度 T を用いて $\beta = 1/k_B T$ と表される．上の方程式を根の探索問題とみなして二分法で解くことで，μ の $k_B T$ 依存性を計算せよ．ただし，$\mu(k_B T = 0) = \varepsilon_F$ をエネルギーの単位とする．

考え方

$k_B T = 0$ での条件式は $\int_0^{\varepsilon_F} d\varepsilon \rho(\varepsilon) = n$ となるため $\varepsilon_F = (n/c)^{\frac{2}{3}}$，したがって ε_F をエネルギー単位とする単位系では $n/c = 1$ である．このとき，

$$\mu = 1 - \frac{\pi^2}{12}(k_B T)^2 + \mathcal{O}((k_B T)^4)$$

となることが知られているため，これを確かめてみよう[11]．また，二分法を用いる際は，きちんと解が求まるよう初期区間を十分広くとることが重要である．積分計算については第4章を参照．指数関数はオーバーフローしやすいので，

$$\frac{1}{e^{\beta(\varepsilon-\mu)}+1} = \frac{1}{2}\left(1 - \tanh\left(\frac{\beta(\varepsilon-\mu)}{2}\right)\right)$$

のように双曲線関数に変換してから実装するとよい．

解答

例えば，以下のように実装できる．

[10]統計力学の基礎的な内容については教科書 [17] などを参照．
[11]低温で成り立つこの式はゾンマーフェルト展開と呼ばれる．詳しくは文献 [17] などを参照．

```
from scipy.integrate import quad
def f(e, mu, beta):
    return np.sqrt(e)*(1-np.tanh(beta*(e-mu)/2))/2
def density(mu, beta):
    return 1.5*quad(f, 0, np.infty, args=(mu, beta))[0] - 1
def bisect(f, x0, x1, args, maxiter=100):
    y0, y1 = f(x0, *args), f(x1, *args)  # *args でタプルを展開
    for i in range(maxiter):
        xM = (x0 + x1)/2
        yM = f(xM, *args)
        if y0 * yM > 0: x0 = xM
        else: x1 = xM
        if abs(yM) < 1e-6: break # 誤差の閾値を1e-6に指定
    return xM, yM

kBTs = np.linspace(1e-9, 0.3, 31)
# T=0でbetaが定義されないため1e-9からスタートしている
num = [bisect(density, -2, 2, (1/kBT,))[0] for kBT in kBTs]
```

近似式と同時にプロットするには，例えば

```
app = 1-np.pi**2/12*kBTs**2
plt.plot(kBTs, num, label="numerical")
plt.plot(kBTs, app, label="approximate", linestyle="-.")
plt.xlabel("temperature", fontsize=14)
plt.ylabel("chemical potential", fontsize=14)
plt.legend(fontsize=14)
plt.grid(color="black", linestyle="dotted", linewidth=0.3)
plt.show()
```

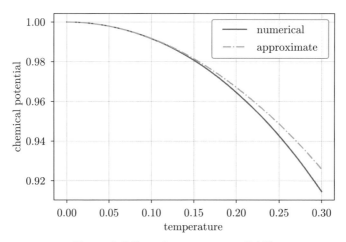

図 7.1: 化学ポテンシャル μ の $k_B T$ 依存性

などとすればよい．結果は図 7.1 となる．なお，`scipy.optimize.bisect` を上の `bisect` と置き換えてそのまま使うこともできる．

例題 15 の発展問題

15-1. 多変数問題の練習として，$x_1 = x_2 = 0$ に解をもつ以下の連立方程式，

$$f_1(x_1, x_2) = e^{x_1} + x_1 x_2 - 1 = 0$$
$$f_2(x_1, x_2) = \sin(x_1 x_2) + x_1 + x_2 = 0$$

を解いてみよう．この問題では $f(x)$ のヤコビアンが直接計算できるので，数値微分を用いる必要はない．ニュートン法と最急降下法およびパウエル混合法を実装し，2 つの初期値 $(x_1, x_2) = (-3, 2)$ と $(x_1, x_2) = (-3, 6)$ から出発して解が求まるか確認してみよう．

例題 16   1 次元ハイゼンベルグ模型のベーテ仮設方程式

例題 13 で考えたスピン模型はベーテ仮設に基づく厳密解が知られている．これに従えば，1 次元ハイゼンベルグ模型の基底状態のエネルギー E は，$M = N/2$ 個の連立非線型方程式（ベーテ仮設方程式），

$$\theta_1(\lambda_i) - \frac{1}{N} \sum_{j=0}^{M-1} \theta_2(\lambda_i - \lambda_j) - \frac{I_i}{N} = 0$$

の実数解 λ_i を用いて，$E = -J \sum_i \frac{2}{1+\lambda_i^2} + \frac{N}{4}$ となる．ただし，$\theta_n(x) = \frac{1}{\pi} \tan^{-1}(\frac{x}{n})$ かつ $I_i = -\frac{M-1}{2} + i$ とした．`scipy.optimize.root` 関数を用いて解を求め，$E/N|_{N\to\infty} = -J \log 2 + \frac{J}{4}$ となることを確認せよ．

考え方

`root` 関数の使い方は付録を参照．初期値は，例えば乱数でよいだろう．

‖解答‖

例えば，以下のようなコードで計算できる（$J = 1$ とした）．いろいろな初期値や `method` で正しい解が求まるか，試してみよう．

```python
from scipy.optimize import root
theta = lambda x, n: np.arctan(x/n)/np.pi
def bethe(x, N, M):
    z1, z2 = theta(x, 1), theta(x[:,None] - x[None,:],2)
    z2 = np.sum(z2, axis=1)/N
    z3 = np.linspace(-(M-1)/2,(M-1)/2,M)/N
    return z1-z2-z3  # 問題文の左辺の値を返す
N = 100
sol = root(bethe, x0=np.random.rand(N//2), args=(N, N//2))
energy = lambda x: 2/(1+x**2)
E = -np.sum(energy(sol.x))/N + 1/4
```

例題 17　超伝導の平均場理論

BCS 理論に基づくと，超伝導の秩序パラメータ Δ は以下の式，

$$\Delta = V N_0 \int_0^{\hbar\omega_D} d\epsilon \frac{\Delta}{\sqrt{\epsilon^2 + \Delta^2}} \tanh\left(\frac{\sqrt{\epsilon^2 + \Delta^2}}{2k_B T}\right)$$

で決定される[12]．ここで，V: 相互作用，N_0: 状態密度，ω_D: デバイ周波数，$k_B T$: 温度を表す．この方程式を Δ について解くことで Δ の温度依存性を図示し，ある温度 $T = T_c$（超伝導転移温度）以下で $\Delta \neq 0$ の解が現れることを確認せよ．パラメータは $V N_0 = 1$，$\hbar\omega_D = 10$ meV とする．

考え方

これは固定点問題の形をしているから，もっとも単純には逐次代入で解ける．方程式が常に $\Delta = 0$ の解をもつ点に注意してほしい．$\Delta \neq 0$ の解を探すには，初期値として有限の Δ を用いる必要がある．$T = 0$ での解析解は

$$\Delta(0) = \hbar\omega_D \left(\sinh\frac{1}{V N_0}\right)^{-1}$$

で与えられるので，計算のチェックに用いられる（単位は meV）．転移温度付近で $\Delta \propto \sqrt{T_c - T}$ となることも同様に知られているので，これも確認してみよう．余裕があれば収束回数の温度依存性も Δ と一緒にプロットしてみよう．

‖解答‖

右辺を計算する関数を以下のように定義する．

```
from scipy.integrate import quad
def rhs(delta, vn0, ome, beta):
    def func(x, delta, beta):
        E = np.sqrt(x**2 + delta**2)
        return delta*np.tanh(beta*E/2)/E
    return vn0 * quad(func, 0, ome, args=(delta, beta))[0]
```

---

[12]BCS(Bardeen-Cooper-Schrieffer) 理論は，物質の超伝導相を記述する基礎理論として知られる．興味のある読者は教科書 [18] などを参照してほしい．

これを用いて,

```
vn0, ome, kBTs = 1, 10, np.linspace(1e-6,10,200)
ans = []
for kBT in kBTs:  # それぞれの温度で秩序パラメータを計算
    beta, d0  = 1/kBT, 1.0
    for i in range(1000):  # 収束するまで最大1000回ループ
        d1 = rhs(d0, vn0, ome, beta)
        if abs(d1-d0) < 1e-5: break  # 収束チェック
        d0 = d1
    ans.append([d0, abs(d1-d0), i])
ans = np.array(ans)
plt.plot(kBTs, ans[:,0])  # 秩序パラメータの温度依存性をプロット
plt.show()
plt.plot(kBTs, ans[:,2])  # 収束に必要だった反復回数のプロット
plt.show()
```

などとすればよい. 期待される振る舞いと結果を比較してみよう. ここで, 収束条件を相対誤差でなく, 絶対誤差で評価している点に注意してほしい. これは $T > T_c$ で $\Delta = 0$ が予測されるため, 相対誤差を用いると, この領域で収束判定ができなくなるためである.

例題 17 の発展問題

17-1. 上の計算で, 転移点付近で収束に必要な計算回数が発散的に増大していることが確認できただろうか？　これは解が振動して収束しないわけでなく, 非常にゆっくりとしか 0 に近づかないことが原因である. このような場合には, 毎ステップで得られる Δ_i を適当な数列とみなし, 数列に対する加速法を適用することで劇的に収束が改善されることがある. ステップごとの変化を線形に近似し, 外挿によって収束を加速させてみよう.

8 偏微分方程式

─《 内容のまとめ 》─

偏微分方程式は古典系，量子系問わず物理において頻繁に現れる問題である．それぞれの問題の性質に応じて，さまざまな計算手法が考案されているが，この章では，もっとも基本的となる考え方を簡単な例題を通して学んでいこう．

初期値問題: 拡散方程式

話を具体的にするため，まずは 1 次元の拡散方程式

$$\frac{\partial \rho(x,t)}{\partial t} = D \frac{\partial^2 \rho(x,t)}{\partial x^2} \tag{8.1}$$

を適当な初期条件 $\rho(x,t_0) = \rho_0(x)$ のもとで解くことを考えよう．このような問題の基本的な解き方は，差分によって空間座標 $x \in [0, L]$ を N 分割し，

$$\frac{\partial \rho(x_i,t)}{\partial t} = D \frac{\rho(x_{i+1},t) - 2\rho(x_i,t) + \rho(x_{i-1},t)}{\Delta x^2} \tag{8.2}$$

として，時間 t に関する N 次元連立微分方程式を解く問題に帰着させることである．境界の取り扱いに注意する必要があるが，例えば周期境界条件であれば単に $\rho(x_N,t) = \rho(x_0,t)$ と考えればよい．ここで $\Delta x = L/N$ は空間方向の刻み幅である．このようにしてしまえば，あとは第 5 章でやった 1 階の連立微分方程式の問題であるから，オイラー法などを用いて計算できる[1]．

ここで，式 (8.2) 右辺が $D/\Delta x^2$ に比例している点に注意しよう．第 5 章で

---

[1] オイラー法などの陽解法を用いる場合，時間については前進的，空間については中心的な差分の取り方をしていることになる．このようなスキームを FTCS (forward time centered space) 法と呼ぶ．

行った常微分方程式の安定性に関する議論との類推から，この問題を陽解法で解く場合，時間の刻み幅 Δt を

$$\Delta t \lesssim \Delta x^2/D \tag{8.3}$$

とする必要があると予想される[2]．これは，空間方向の刻み幅に対して，時間方向の刻み幅をより細かくしなければならないことを意味しており，特に，長時間のシミュレーションにおいて計算コストの増大が懸念される．この不安定性も陰解法を用いることで回避することができる．

初期値問題: 移流方程式

次に，1 次元の移流方程式

$$\frac{\partial u(x,t)}{\partial t} = -v\frac{\partial u(x,t)}{\partial x} \tag{8.5}$$

にオイラー法を適用した以下の式を考えよう．

$$\frac{u(x,t_{n+1}) - u(x,t_n)}{\Delta t} = -v\frac{\partial u(x,t_n)}{\partial x} \tag{8.6}$$

以下，簡単のため $v = 1$ とする[3]．先ほどと同様，右辺を差分で近似する必要があるが，差分の取り方にはいくつかの種類があることがわかる．

$$\text{前進差分}: \frac{\partial u(x_i,t_n)}{\partial x} \approx \frac{u(x_{i+1},t_n) - u(x_i,t_n)}{\Delta x} \tag{8.7}$$

$$\text{中心差分}: \frac{\partial u(x_i,t_n)}{\partial x} \approx \frac{u(x_{i+1},t_n) - u(x_{i-1},t_n)}{2\Delta x} \tag{8.8}$$

$$\text{後退差分}: \frac{\partial u(x_i,t_n)}{\partial x} \approx \frac{u(x_i,t_n) - u(x_{i-1},t_n)}{\Delta x} \tag{8.9}$$

一見するとどれも似たような結果になりそうであるが，例えば，ステップ関

---

[2] $\rho(x,t)$ を空間方向にフーリエ変換して $\rho(x,t) = \sum_k \rho_k(t)e^{ikx}$ と書こう．これを，オイラー法による離散化（すなわち，$\partial\rho_k(t)/\partial t \to (\rho_k(t_{n+1}) - \rho_k(t_n))/\Delta t)$）を施した式 (8.2) に代入すると，次式を得る．

$$\frac{\rho_k(t_{n+1})}{\rho_k(t_n)} = 1 - \frac{4D\Delta t}{\Delta x^2}\sin^2\left(\frac{k\Delta x}{2}\right) \tag{8.4}$$

解が有界であるためには，すべての k について $|\rho_k(t_{n+1})/\rho_k(t_n)| \leq 1$ でなければならないため，$\Delta t \leq \Delta x^2/2D$ が必要となる．このような議論を偏微分方程式に対するフォンノイマン (von Neumann) の安定性解析と呼ぶ．

[3] これは適当な時間 t_0 と長さ x_0 を時間と長さの単位として用い，$v = x_0/t_0$ の状況を考えていることに相当する．今後も断らずにこのような簡単化を用いることがある．

数 $u(x, t_0) = \Theta(-x)$ を初期条件として 3 つの差分法を試してみると，後退差分がもっともうまくいき，中心差分はそれなりの，前進差分はまったくナンセンスな結果となることがわかる（例題 18 参照）．そこで少し考え直してみると，今の場合 $v > 0$ であるから，時刻 t_{n+1} での $u(x_i, t_{n+1})$ を決めるのは，時刻 t_n において $x < x_i$ の領域の $u(x, t_n)$ であるはずである．しかしながら，前進差分の式 (8.7) を式 (8.6) に代入してみると，$u(x_i, t_{n+1})$ の評価に現れるのは $u(x_{i-1}, t_n)$ でなくむしろ $u(x_{i+1}, t_n)$ であり，明らかにおかしい．これが前進差分がうまくいかなかった理由であり，ここから察するに $v < 0$ であれば逆の結果となるだろう[4]．このように偏微分方程式の良い解法は方程式の性質そのものに依存している場合が多い．また，ここで紹介した手法は時間と空間方向を別々に考えるものであったが，問題によってはまとめて考えて適切な差分をとるほうが，効率が良い場合もある．本書で触れられなかったさまざまな解法については，巻末の文献 [6] などを参照してほしい．

境界値問題: ポアソン方程式

さて，物理では初期条件ではなく，境界条件のみが与えられた微分方程式も頻繁に現れる．例えば，以下のポアソン方程式を考えよう．

$$\nabla^2 \phi(x, y) = -\frac{\rho(x, y)}{\varepsilon} \tag{8.10}$$

ここで $\phi(x, y)$ は静電ポテンシャル，$\rho(x, y)$ は電荷密度，ε は誘電率である（簡単のため 2 次元系を考える）．この問題にも差分法を適用してみると，

$$\frac{\phi_{i-1,j} + \phi_{i+1,j} + \phi_{i,j-1} + \phi_{i,j+1} - 4\phi_{i,j}}{\Delta x^2} = -\frac{\rho_{i,j}}{\varepsilon} \tag{8.11}$$

などとなるだろう．ここで，x 座標の添字を i，y 座標の添字を j とし，x 方向 y 方向ともに等間隔 Δx で N 分割したものとする．この式は，$\ell = (i, j)$ を 1 つのラベルとみなし，$\phi_{i,j} = \phi_\ell \to \boldsymbol{\phi}$ とおくと，$A\boldsymbol{\phi} = \boldsymbol{b}$ の形の線形連立方程式となっている．

さて，周期境界条件であれば $\phi_{N,j} = \phi_{0,j}$，$\phi_{i,N} = \phi_{i,0}$ などの条件を考慮して $N^2 \times N^2$ 次元の行列 A が定義され，N^2 次元ベクトル $\boldsymbol{b}$ は式 (8.11) の右辺

---

[4]移流方程式の場合，うまくいくほうの差分（今の場合は後退差分）を風上差分，逆方向の差分を風下差分と呼ぶ．この振る舞いはフォンノイマンの安定性解析からも理解できる（例題 18 の発展問題を参照）．

そのものである．次に，領域の端で $\phi_{i,j}$ の値が固定されている場合を考えて
みよう（ディリクレ (Dirichlet) 境界条件）．例えば，$x = 0\,(i = 0)$ での境界
条件として $\phi_{0,j} = h_j$ が与えられているものとすると，式 (8.11) 左辺において
$i = 1$ の成分から考えればよい．この成分を具体的に書き出してみると，

$$\frac{\phi_{0,j} + \phi_{2,j} + \phi_{1,j-1} + \phi_{1,j+1} - 4\phi_{1,j}}{\Delta x^2} = -\frac{\rho_{1,j}}{\varepsilon} \tag{8.12}$$

であるから，$\phi_{0,j} = h_j$ の部分を右辺に移行して $\boldsymbol{b}$ に取り込むことができる．
これを 4 辺（$x, y = 0$ の 2 辺と $x, y = L$ の 2 辺）で行うと，行列 A の次元は
$(N-1)^2 \times (N-1)^2$ となり，$(N-1)^2$ 次元ベクトル $\boldsymbol{b}$ は式 (8.11) 右辺だけ
でなく，境界条件の効果も含むことになる．最後に，領域の端で $\phi_{i,j}$ の法線
方向の微分値が固定されている例として，$i = 0$ で $\partial_x \phi_{0,j} = h_j$ の場合を考え
よう（ノイマン (Neumann) 境界条件）．差分の取り方にも依存するが，例え
ば $\phi_{0,j} - \phi_{-1,j} = \Delta x h_j$ とすれば，式 (8.11) 左辺の $i = 0$ 成分の計算に現れる
$\phi_{-1,j}$ を $\phi_{-1,j} = \phi_{0,j} - \Delta x h_j$ と置き換えることで A と $\boldsymbol{b}$ に境界条件の効果を
取り込むことができる[5]．

さて，このようにして境界条件の効果を取り入れた A と $\boldsymbol{b}$ が定まったと仮
定しよう．$A\boldsymbol{\phi} = \boldsymbol{b}$ は第 6 章で解説した LU 分解などで直接解くこともできる
が，通常 N は大きい量であるから，反復法による解法を考える．一番シンプ
ルな方法はヤコビ (Jacobi) 法と呼ばれるもので，これは

$$\phi_{i,j}^{n+1} = \frac{1}{4}\left(\phi_{i-1,j}^n + \phi_{i+1,j}^n + \phi_{i,j-1}^n + \phi_{i,j+1}^n + \Delta x^2 \frac{\rho_{i,j}}{\varepsilon}\right) \tag{8.13}$$

のように対角成分を左辺，それ以外を右辺にもっていき，右辺から左辺を逐
次的に求めるという手法をとる．一方，ガウス–ザイデル (Gauss-Seidel) 法
では A の下三角成分（行列 A の要素を $A_{ij,i'j'}$ と書いたとき，$i < i'$ もしくは

---

[5] ポアソン方程式の場合は，3 つの境界条件（周期・ディリクレ・ノイマン）のどれで
も解が（定数差を除いて）一意であることが次のように示される：解が 2 つあると仮定
しそれぞれ ϕ_1, ϕ_2 とかくと，$\Phi = \phi_1 - \phi_2$ は領域 D 内で常に $\Phi\nabla^2\Phi = 0$ である．
$\Phi\nabla^2\Phi = \nabla \cdot (\Phi\nabla\Phi) - ||\nabla\Phi||^2$ およびガウスの発散定理を用いると $\int_{\partial D} ds\,\boldsymbol{n} \cdot (\Phi\nabla\Phi) = \int_D dS(\nabla\Phi)^2$ であるが，ディリクレ条件なら ∂D 上で $\Phi = 0$，ノイマン条件なら ∂D 上で
$\boldsymbol{n} \cdot \nabla\Phi = 0$，周期境界条件なら ∂D の両端で ϕ_1 や ϕ_2 そのものが等しいので，結局どの場
合でも $\int_D dS(\nabla\Phi)^2 = 0$ となる．したがって，領域内の任意の点で $\nabla\Phi = 0$，つまり定数
差を除いて ϕ_1 と ϕ_2 は等しい．一般の問題において，解の存在や一意性を解析的に示すのは
困難であるため，数値計算で得られた結果についても注意深く検証する必要がある．

$j < j'$ の成分）も漸化式の左辺とみなし，

$$\phi_{i,j}^{n+1} = \frac{1}{4}\left(\phi_{i-1,j}^{n+1} + \phi_{i+1,j}^{n} + \phi_{i,j-1}^{n+1} + \phi_{i,j+1}^{n} + \Delta x^2 \frac{\rho_{i,j}}{\varepsilon}\right) \tag{8.14}$$

を解く．ガウス–ザイデル法はヤコビ法に比べて収束が早いことが知られているが[6]，右辺に $n+1$ 回目の計算結果が現れるため，すべての i, j について同時に解くことができない．したがって，for ループを避けられず，Python で高速に動作するコードを実装することは難しい．またそのほかのプログラミング言語でも並列化が困難になるなど，一長一短な側面もある[7]．このような方法で時間に依存しない偏微分方程式を解く手法を**緩和法**と呼ぶ．

　現実の系では，荷電粒子が静電ポテンシャルの影響を受けて運動し，それに伴って $\rho(x,t)$ が変化するから，式 (8.10) はより複雑な非線形方程式となる．この場合でも式 (8.13) などと荷電粒子の方程式を連立して逐次的に解くことで，解を求めることができる．最後に，応用上重要となる複雑な形状を境界条件とする問題では，差分法を適用するのが困難な場合が多い．このような問題には，通常，**有限要素法**と呼ばれる変分計算が用いられる．本書では扱わないので，詳細は巻末の参考書 [19] などを参照してほしい．

固有値問題：シュレディンガー方程式の定常解

　最後に，少し特殊なケースとして，1 次元シュレディンガー方程式の固有値問題を考えよう．例えば，$x = 0$ と $x = 1$ に無限に高い壁をもつ 1 次元の井戸型ポテンシャル系の定常状態は，

$$-\frac{\hbar^2}{2m}\frac{\partial^2}{\partial x^2}\psi(x) = E\psi(x) \tag{8.15}$$

を境界条件 $\psi(0) = \psi(1) = 0$ のもとで解くことで求まる（以下，簡単のために $m = 1/2, \hbar = 1$ とする）．この問題を特殊といったのは，波動関数 $\psi(x)$ だけでなく，エネルギー固有値 E も同時に求める必要があるためである．解析解は，

---

[6] 単に線形連立方程式の解法としてみたとき，ヤコビ法は A が対角優位行列なら，ガウス–ザイデル法は A が対角優位もしくは正定値対称行列なら収束することが知られている．

[7] 少しの拡張で逐次加速緩和法と呼ばれる手法に書き換えることもできる．これはガウス–ザイデル法よりさらに収束が早いことが知られているが，同様の問題が生じる．

$$\psi_n(x) = \sqrt{2}\sin(n\pi x), \quad E_n = (n\pi)^2 \tag{8.16}$$

であるが，数値的に解くにはいくつかの方法が考えられる．

— 実空間の行列解法 —

今の問題のように式が線形なら，差分法を用いることで線形代数の固有値問題に帰着する[8]．すなわち，元の微分方程式を

$$-\frac{\psi(x_{i+1}) - 2\psi(x_i) + \psi(x_{i-1})}{\Delta x^2} = E\psi(x_i) \tag{8.17}$$

と書き直せば，この問題はベクトル $\boldsymbol{\psi} = (\psi(x_1), \cdots, \psi(x_{N-1}))$ に作用する三重対角行列の固有値問題と等しい（境界条件は $\psi(x_0) = \psi(x_N) = 0$）．

— 狙い撃ち法 —

少々強引にみえるかもしれないが，次の手法もしばしば有効である．

1. 問題を線形連立方程式にマップする（$\psi'(x) = \phi(x)$ を導入しよう）．

2. $x = 0$ での初期値を与え，オイラー法などで $x = 0$ から 1 まで逐次 $\psi(x_i)$ を求めていく[9]．このとき E はわからないので "適当" に値を決める．

3. もし E が適切な値であれば，これは境界条件付き微分方程式の解であるから $\psi(1) = 0$ を満たすはずである．もし満たさなければ E の値を変えて前のステップに戻る．

このようなアルゴリズムを狙い撃ち法と呼ぶ．実際にやることはオイラー法などによる初期値問題の計算と根の探索であり，実装は難しくない．この手法は，行列解法で求めた固有値・固有ベクトルの精度を改善する目的で用いることが多い．

---

[8]線形でない場合も，$A(\boldsymbol{\psi})\boldsymbol{\psi} = E\boldsymbol{\psi}$ のような形に変形できるなら，(1) 適当な初期値 $\boldsymbol{\psi}_0$ を仮定し A に代入，(2) 固有値問題を解き $(E_{1,n}, \boldsymbol{\psi}_{1,n})$ を求める (3) 求めたい n の固有状態 $\boldsymbol{\psi}_{1,n}$ をもう一度 A に代入，(4) 固有値問題を解き $(E_{2,n}, \boldsymbol{\psi}_{2,n})$ を求める，というステップを収束するまで繰り返すことで解が得られることもある．

[9]$\psi(0) = 0$ は与えられている．$\phi(0)$ は決まらないが，これは規格化条件から最終的に決定されるので，適当に $\phi(0) = 1$ などとすればよい．

— 一般の行列解法 —

常套手段は量子力学のセオリー通り，適切な基底 $|n\rangle$ でシュレディンガー方程式を行列形式に展開することだろう．上手に基底を選べれば，少ない行列次元で十分な精度を出せる場合も多い（平面波基底をとり今の問題に適用すれば，解析解 (8.16) が得られる）．これは一般のポテンシャルをもつ問題に適用できる汎用性の高い手法で，さまざまな応用例がある．

Python での実装について

SciPy ライブラリには，残念ながら偏微分方程式を直接取り扱うパッケージが実装されていない．SciPy を用いて偏微分方程式を取り扱うには，方程式が時間依存する場合には空間方向を差分化して得られた連立常微分方程式を `integrate.solve_ivp` 関数で解く，方程式が時間依存していない場合は差分化した得られた非線型方程式の根の探索問題を `optimize.root` 関数などで解くのが基本になるだろう．また，偏微分方程式を専門に扱う外部パッケージも存在するため，それらを使用するのも選択肢の 1 つである．

例題 18　移流方程式

式 (8.6) の移流方程式を 3 つの差分（前進差分，中心差分，後退差分）を用いて解け．ただし $v = 1$ とし，初期条件は $x \leq 0$ で $u(x,0) = 1$，$x > 0$ で $u(x,0) = 0$．境界条件は $\left.\frac{\partial u(x,t)}{\partial x}\right|_{x=-1} = \left.\frac{\partial u(x,t)}{\partial x}\right|_{x=1} = 0$ とする．

考え方

それぞれ式 (8.7)-(8.9) を実装すればよい．最初は Δx と Δt に同じ値（例えば 0.1）を設定し，解がどのように振る舞うか見てみよう．差分の実装にはいくつかのやり方が考えられるが，例えば numpy.roll 関数を用いることができる．これは配列を（循環）シフトしたいときに用いる関数で，

```
u = np.array([0,1,2,3,4])
np.roll(u,  1) # -> [4,0,1,2,3]
np.roll(u, -1) # -> [1,2,3,4,0]
```

などとなるので，例えば np.roll(u,-1)-u で，端以外の要素に関しては前進差分を表すことができる．端の要素については，境界条件を用いて，あとから補正すればよい．

‖解答‖

引数で積分の方法を指定できるように，以下のように実装してみよう．

```
def advection(u0, x, t, v=1.0, method="F"):
    dt, dx, ans = t[1]-t[0], x[1]-x[0], [u0]
    for i in range(len(ts)-1):
        if method=="F":   # u[i+1]-u[i]
            du = np.roll(u0, -1) - u0
        elif method=="C": # (u[i+1]-u[i-1])/2
            du = (np.roll(u0,-1) - np.roll(u0,1))/2
```

```
        elif method=="B": # u[i]-u[i-1]
            du = u0 - np.roll(u0, 1)
        du[0], du[-1] = 0, 0 # 境界条件で端を補正
        u1 = u0 - v*dt*du/dx
        ans.append(u1)
        u0 = u1
    return np.array(ans)
```

これを用いて，例えば以下のようにプロットできる.

```
Nx, Nt = 20, 5
x0 = np.linspace(-1,1,Nx+1) # dx = 0.1
ts = np.linspace(0,0.5,Nt+1) # dt = 0.1
u0 = 1 * (x0 < 0)
u = advection(u0, x0, ts, 1.0, "B")
plt.figure(figsize=(3,5))
for i, t in enumerate(ts):
    plt.plot(x0, u[i], label=str(np.round(t,3)))
plt.xlabel("$x$", fontsize=14)
plt.ylabel("$u(x,t)$", fontsize=14)
plt.legend()
plt.show()
```

それぞれの差分方法に対応して図 8.1(a), (b), (c) が得られるだろう．図から
わかるように，後退差分では $u(x) = u(x - vt)$ が完全に成り立っているが，
中心差分ではかなり解が振動し，前進差分は完全に計算が破綻してしまってい
る．Δx や Δt の値を変えて解の振る舞いを確かめてみると，大雑把には

1.　$\Delta t > \Delta x$ の場合ではどの方法でもうまくいかない
2.　$\Delta t < \Delta x$ であれば，後退差分はうまくいく
3.　$\Delta t \ll \Delta x$ であれば，中心差分も（それなりに）うまくいく
4.　前進差分は Δx や Δt をどうとってもうまくいかない.

であることがわかる．この傾向は内容のまとめで解説したように，情報の流入方向を考えることで理解できる．また，実際の問題においては v の符号があらかじめわからない場合もあるだろう．このような場合，v の符号によらず風上差分となるよう，以下のように実装するとよい．

$$\frac{\partial u}{\partial x} = \frac{1}{2}\left(\frac{v+|v|}{2}\frac{u(x_i)-u(x_{i-1})}{\Delta x} + \frac{v-|v|}{2}\frac{u(x_{i+1})-u(x_i)}{\Delta x}\right)$$

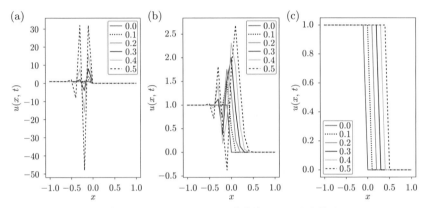

図 8.1: シミュレーション結果 (a) 前進差分, (b) 中心差分, (c) 後退差分.

例題 18 の発展問題

18-1. フォンノイマンの安定性解析（98 ページ脚注を参照）をこの問題に適用し，上の振る舞いを理解せよ.

例題 19　古典 ϕ^4 理論のシミュレーション

1+1 次元上の古典スカラー場 $\phi(x,t)$ が，以下の微分方程式，

$$\frac{\partial^2 \phi}{\partial t^2} - \frac{\partial^2 \phi}{\partial x^2} + 2(\phi^2 - 1)\phi = 0$$

を満たすものとする．境界条件 $\phi(\pm\infty, t) = \pm 1$ を満たす解，

$$\phi^{\mathrm{k}}(x,t) = \tanh\left(\frac{x - x_0 - ut}{\sqrt{1 - u^2}}\right),$$

はキンクと呼ばれ，$\psi^{\mathrm{k}} := \partial_t \phi^{\mathrm{k}}$ は $t = 0$ で $x = x_0$ に局在し，速度 u で x 方向に進行する孤立波を表している．(1) 微分方程式を数値的に解くことでこの孤立波の運動をシミュレーションせよ．同様に，境界条件 $\phi(\pm\infty, t) = \mp 1$ を満たす解は反キンクと呼ばれる．(2) 速度 u のキンクと $-u$ の反キンクを初期値に用い，その衝突をシミュレーションせよ．ただし，シミュレーションには scipy.integrate.solve_ivp 関数を用いよ．

考え方

　問題は 2 階の微分方程式なので，セオリー通り $\partial_t \phi = \psi$ とおき，$\partial_t \psi = (\partial_x^2 - 2(\phi^2 - 1))\phi$ と連立させて解く．空間を N 分割し $f_i = \phi(x_i), f_{i+N} = \psi(x_i)$ とおけば，結局 $2N$ 次元の 1 階微分方程式となる．$x_0 = 0$ のキンク解として，

$$\phi^{\mathrm{k}}(x, 0) = \tanh\left(\frac{x}{\lambda}\right), \quad \psi^{\mathrm{k}}(x, 0) = -\frac{u}{\lambda}\mathrm{sech}^2\left(\frac{x}{\lambda}\right)$$

を初期値に用い，速度 u で進行するか見てみよう $(\lambda = \sqrt{1 - u^2})$．また，反キンク解はキンク解の符号を反転させるだけで求まる．それぞれ $x_0 < 0$ と $-x_0 > 0$ の位置に配置し，速度を $u > 0$ と $-u < 0$ とすることで衝突のシミュレーションをしてみよう．境界条件は何でもよいが，以下では固定端を用いる．

‖解答‖

微分方程式の左辺を計算する関数を，以下のように定義しよう

```
from scipy.integrate import solve_ivp
def phi4(t, x, h, N, bx):
    p, q = x[:N], x[N:] # [0,N-1]をphi, それ以降をpsiとする
    d2p = np.concatenate([[bx[0]],p,[bx[1]]])
    d2p = np.diff(d2p,2)/h**2  # 2次差分をとる関数
    # 端を固定するため，両端にbx[0]とbx[1]を足してある．
    vp = - 2*(p**2-1)*p
    return np.append(q, d2p+vp) # 2*nx次元ベクトルに戻して返す
```

これを用いて，例えば以下のようにシミュレーションする．

```
L, N, u = 100, 1001, 0.5  # パラメータの定義
x, h = np.linspace(-L, L, N, retstep=True)
t = np.linspace(0,100,5)
l = lambda u: np.sqrt(1-u**2)
p0 = lambda x,x0,u: np.tanh((x-x0)/l(u))            # phi(x,0)
q0 = lambda x,x0,u: -u/l(u)/np.cosh((x-x0)/l(u))**2 # psi(x,0)
x0 = np.append(p0(x,0,u), q0(x,0,u))
sol = solve_ivp(phi4,(0,100),x0,"RK45",t,args=(h,N,(-1,1)))
plt.plot(x, sol.y[:N])  # phiのみプロット
plt.show()
```

キンク解がそのままの形を保って運動するのが確認できるだろう．
　衝突シミュレーションであるが，例えば

```
t = np.linspace(0,200,200)
p0_col = p0(x,-20,u) - p0(x,20,-u) - 1
q0_col = q0(x,-20,u) - q0(x,20,-u)
x0 = np.append(p0_col, q0_col)
sol = solve_ivp(phi4,(0,200),x0,"RK45",t,args=(h,N,(-1,-1)))
```

などとすればキンクと反キンクを衝突させることができる．時間発展のシミュレーションはアニメーションにすると視覚的でわかりやすい．Google Colab を使用しているなら，以下のようにアニメーションを作成できる．

```python
from matplotlib import animation, rc
from IPython.display import HTML
p = sol.y[N:] # psiのみプロット
fig = plt.figure()
ims = []
for i in range(200):
    im = plt.plot(x, p.T[i], c = "red")
    ims.append(im)
anim = animation.ArtistAnimation(fig, ims, interval=100)
rc("animation", html="jshtml")
plt.close()
anim
```

今の速度 $(u = 0.5)$ だと，衝突後は（多少振動したあと）反射して運動し続けるのが確認できるだろう．一方，速度を遅くして $u = 0.1$ とすると，キンクは衝突後そのまま消滅する．一般に，非線形方程式に従う孤立波の中でも，ここで確認した 2 つの性質をもつ（すなわち，波の形状を保ちながら一定速度で運動し，かつ衝突後も安定に存在する）解はソリトンと呼ばれ，さまざまな文脈で調べられている[10]．

---

[10]ちなみに，今回の例のように境界条件に付随したソリトンは位相欠陥型ソリトンと呼ばれ，テクスチャー型ソリトンと区別されることがある．興味のある読者は，例えば参考書 [20] などを参照してほしい．

例題 20   ポアソン方程式

正方形の境界 $0 < x < 1$, $0 < y < 1$ に囲まれた領域でラプラス方程式（式 (8.10) で $\rho(x, y) = 0$）を解け。境界条件は $x = 0$, $x = 1$, $y = 0$ の 3 辺で $\phi(x, y) = 0$, $y = 1$ の辺で $\phi(x, y) = 1$ とする。

考え方

もっとも単純には式 (8.13)（ヤコビ法）を実装すればよい。2 階微分の計算に関してもさまざまな実装が考えられるが，例えば以下で定義される疎行列,

```python
from scipy.sparse.linalg import LinearOperator
from scipy.sparse import csr_matrix
nx = 99 # xy平面を100x100で分割する => phiの次元は99x99
d_csr = csr_matrix(np.eye(nx,k=1) + np.eye(nx,k=-1))
 # 1次元インデックスをi->i+1,i-1とシフトする疎行列(端は切り捨て)
def shift(v):
    v = v.reshape((nx,nx))    # ベクトル => 行列への変換
    v = (d_csr*v+v*d_csr)/4  # x, yそれぞれの方向をシフト
    return v.flatten()        # ベクトルに戻して返す
A = LinearOperator((nx**2, nx**2), matvec=shift)
```

を用いて，行列ベクトル積の形で計算することができる[11]。ここで，行列やベクトルの要素に固定端を指定している座標 $(x, y = 0$ と $x, y = 1)$ は含まれない点に注意してほしい。内容のまとめで述べたように境界条件は別途取り込む必要がある。

‖解答‖

ヤコビ法自体はただの逐次代入である。境界条件を取り入れるには，

---

[11] ここで定義した疎行列 A は式 (8.13) の右辺を行列表示したものであって，式 (8.11) の左辺で定義される A とは異なるので注意。

```
b = np.zeros((nx,nx))
b[:,-1] = -1/4 # y=1の辺に対する条件. ほかは0なのでそのままでいい.
b = b.reshape(nx**2)
```

などとすればよく，上で定義した線形行列作用素を用いて

```
x0 = np.ones(nx**2)              # 初期電位は全領域で1とした
for i in range(1000):
    x1 = A*x0 - b       # LinearOperatorを用いた行列ベクトル積
    if i % 100 == 0: # 100ステップごとに誤差を出力
        print(np.linalg.norm(x0-x1)/np.linalg.norm(x1))
    x0 = x1
plt.imshow(x0.reshape((nx,nx)).T, vmin=0, vmax=1)
 # 行は縦,列は横のインデックスなので，通常の2次元プロットの描き方
 # だとiがy,jがxと対応する. これを補正するため転置している.
plt.colorbar()
plt.show()
```

と計算できる．結果を見ると，解の収束はかなり遅く，1000 ステップ後でも
まだ相対誤差が 3×10^{-4} 程度も残ってしまうことがわかる．これはガウス-
ザイデル法などを使用すれば多少改善されるが，for ループを避けられないの
で，Python で実装するのは好ましくない[12]．実は，この問題は正定値対称な
行列に対する根の探索問題とみなすこともでき，共役勾配法が適用可能であ
る[13]．

---

[12]この問題に対する対処法はさまざまであるが，一番単純なのは C 言語や Fortran で実
装してライブラリ化し，Python でそれを読み込むという方法である．詳細は，文献 [5] など
を参照してほしい.

[13]いくつかの N について，実際に固有値を計算してみれば納得できるだろう．実際，
$-\nabla^2$ の差分で定義される行列は，グラフ理論で単連結なラプラシアン行列と呼ばれるも
のであり，半正定値対称かつ $\lambda_0 = 0$ の固有ベクトルを 1 つだけもつことが知られている
（今の問題では一様状態に対応する）．今回のように，ディリクレ境界条件が課されていると，
対応する行で対角優位となり，正定値となる．なお，式 (8.11) 左辺で定義される（あるいは
以下で定義する）行列 A は $-\nabla^2$ でなく ∇^2 の差分に対応するものなので負定値対称である

まずは，共役勾配法の部分を実装しよう（この部分はscipy.
sparse.linalg.cg関数を用いてもよい）．第6章を参考に，

```
def user_cg(A, b, x0):
    # 自作の共役勾配法関数. 式(6.6)-(6.8)とその周辺を参照
    r0 = b - A*x0
    p0 = r0
    for i in range(500):
        alpha = np.dot(r0,p0)/np.dot(p0,A*p0)
        x1 = x0 + alpha*p0
        r1 = r0 - alpha*A*p0
        beta = np.dot(r1,r1)/np.dot(r0,r0)
        p1 = r1 + beta*p0
        if np.linalg.norm(x1-x0)/np.linalg.norm(x1) < 1e-5:
            break
        x0, r0, p0 = x1, r1, p1
    return x1, np.linalg.norm(x1-x0)/np.linalg.norm(x1), i
```

などとする．行列 A の定義がヤコビ法と異なるので，もう一度定義し直す．

```
def shift(v):
    v = v.reshape((nx,nx))
    v = (d_csr*v+v*d_csr)/4 - v # 式(8.11)の左辺の計算に対応
    return v.flatten()
A = LinearOperator(shape=(nx**2, nx**2), matvec=shift)
```

これを用いて，以下のように実行できる．

```
x, e, n = user_cg(A, b, np.ones(nx**2))
print(e, n) # 誤差と収束にかかったステップの表示
```

が，この場合でも共役勾配法はそのまま用いることができる．

```
plt.imshow(x.reshape((nx,nx)).T, vmin=0, vmax=1)
plt.colorbar()
plt.show()
```

これを実行すると，わずか 190 ステップで相対誤差は 10^{-5} 以下となり，圧倒的に収束が早いことがわかる．ちなみに，LU（あるいはコレスキー）分解を用いた直接法と比べても，LU 分解の $\mathcal{O}(N^3) \sim 10^{12}$ に対し，共役勾配法は $\mathcal{O}(PN^4) \sim 10^{10}$ 程度だから，こちらでも十分に勝っている．このように，適用可能な問題については，共役勾配法は非常に優れた手法である．

例題 20 の発展問題

20-1. 2 次元粒子密度 $\rho(\boldsymbol{x}, t)$ に関する連続の式 $\partial\rho/\partial t = -\nabla \cdot \boldsymbol{J}$ にフィックの法則 $\boldsymbol{J} = -D\nabla\rho$ を適用すると，以下の拡散方程式

$$\frac{\partial\rho}{\partial t} = D\nabla^2\rho$$

を得る．$D = 1$ として一点 $(\boldsymbol{x} = (0,0))$ に局在した初期状態からの時間発展を計算し，粒子密度の拡散をシミュレーションせよ．同様に，ギンツブルグ–ランダウの自由エネルギー $F[\rho] = \frac{1}{4}\int d\boldsymbol{x}\left((\rho^2 - 1)^2 + 2\gamma|\nabla\rho|^2\right)$ から決まる流速密度 $\boldsymbol{J} = -D\nabla(\delta F/\delta\rho)$ を連続の式に適用すると，

$$\frac{\partial\rho}{\partial t} = D\nabla^2(\rho^3 - \rho - \gamma\nabla^2\rho)$$

が得られる（カーン–ヒリアード方程式）．例えば，原子 A, B の合金を考え，ρ をその濃度差 $n_A - n_B$ だと仮定しよう．$\gamma > 0$ とすると $F[\rho]$ の第一項から $\rho = 1$ もしくは $\rho = -1$ の一様状態が安定だが，初期状態を $\rho = 0$ とすると粒子数保存（連続の式）から一様分布へはなり得ない．したがって，時間発展により $\rho = \pm 1$ の領域への相分離が進行することが予想されるが（スピノーダル分解），この現象を確認せよ．パラメータは，例えば $D = 1, \gamma = 0.001$ などととればよい．

例題 21 1 電子原子の動径波動関数

1 電子原子（水素様原子）の電子波動関数 $\phi_{nlm}(\boldsymbol{r})$ は量子数 n, l, m でラベルされ，$\phi_{nlm}(\boldsymbol{r}) = R_{nl}(r)Y_l^m(\theta, \phi)$ と書かれる．ここで $Y_l^m(\theta, \phi)$ は球面調和関数で，動径方向の波動関数 $R_{nl}(r)$ は以下の式を満たす．

$$\left(-\frac{1}{2}\frac{d^2}{dr^2} - \frac{Z}{r} + \frac{l(l+1)}{2r^2}\right)P_{nl}(r) = E_{nl}P_{nl}(r)$$

ただし $P_{nl}(r) = rR_{nl}(r)$ で，Z は原子核の電荷である[14]．r についての差分をとることで行列の固有値問題に変換し，固有エネルギー E_{nl} を小さいものから順に 3 つ求めよ．ただし，パラメータは $Z = 2$ および $l = 1$ とし，境界条件として $P_{nl}(0) = 0$, $P_{nl}(r \geq r_{\max} = 50) = 0$ を用いよ．

考え方

$r_0 = 0$, $r_N = r_{\max}$ として等間隔 $(r_{i+1} = r_i + h)$ に差分化すると，解くべき式は以下のようになる．

$$\left(\frac{1}{h^2} - \frac{Z}{r_i} + \frac{l(l+1)}{2r_i^2}\right)P_{nl,i} - \frac{P_{nl,i+1} + P_{nl,i-1}}{2h^2} = E_{nl}P_{nl,i}$$

ただし，$P_{nl,i} = P_{nl}(r_i)$ とおいた．境界条件として $P_{nl,0} = P_{nl,N} = 0$ を用いると，上式は $N - 1$ 次元の三重対角行列に対する固有値問題と等しい．行列を定義し，NumPy や SciPy 関数を使って対角化してみよう．解析解は，

$$E_{nl} = -\frac{Z^2}{2n^2}$$

で与えられる（ただし，$n \geq l + 1$）．

‖解答‖

普通に行列の固有値問題を解いても問題ないが，今までと同様，疎行列を用いた対角化のほうが効率が良い．例えば，$M = N - 1 = 1000$ として

```
rmax, M, l, Z = 50, 1000, 1, 2
r, h = np.linspace(rmax, 0, M, endpoint=False, retstep=True)
```

---

[14]原子単位系 $\hbar = e = m_e = 1$ を用いた．e と m_e は電子の電荷と質量．

```
  # retstep=Trueとすると，配列と刻み幅のタプルを返す
r, h = r[::-1], -h # rを逆順に変更(結果には影響しない)
```

などで $r = 0$ の成分を除いて等間隔に分割することができる．三重対角行列を
定義するには `scipy.sparse.diags` 関数が便利であり，以下のように用いる．

```
from scipy.sparse import diags, linalg
I = np.ones(M)
d2p = 0.5 * diags([-2*I, I, I], (0, -1, 1)) / h**2
  # 第一引数に対角要素に入れたいベクトル(の組)を渡す
  # 第二引数でそれぞれのオフセットを指定
pot = diags(-Z/r) # 指定がなければオフセットなしの対角行列を作る
ang = diags(0.5*l*(l+1)/r**2)
A = - d2p + pot + ang
eig, vec = linalg.eigsh(A, k=5, which="SA")
```

結果は $E_{21}, E_{31}, E_{41} = -0.50010433, -0.2222703, -0.12502477$ となる．解
析解は $E_{21}, E_{31}, E_{41} = -1/2, -4/18, -1/8$ であるから，誤差は大体 10^{-4} 程
度となっている．ちなみに，固有ベクトルには各固有値に対応する $P_{nl,i}$ が格
納されている．例えば，$n = 2$（$l = 1$ の基底状態）の解を解析解[15]と比較す
るには，以下のようにすればよい．

```
from scipy.integrate import simps
p21 = vec.T[0]
p21 = np.sign(p21[1])*p21/np.sqrt(simps(p21**2, r))
I = Z**2.5 * r**2 * np.exp(-Z*r/2) / np.sqrt(24)
plt.plot(r, p21)
plt.plot(r, I, ls="dashed")
plt.show()
```

---

[15]ここでは天下り的に与えるが，文献 [14] などの量子力学の教科書を参照してほしい．

例題 21 の発展問題

21-1. 上のやり方で固有値の精度を向上させるには M を非常に大きくとる
必要がある．ここでは，狙い撃ち法による固有値の改善を試してみよ
う．初期値問題の計算に必要な境界条件は $P_{nl}(r \to 0) \propto r^{l+1}$ および
$P_{nl}(r \to \infty) \propto \exp(-\sqrt{-2E_{nl}}r)$ とする[16]．このとき，$r = r_{\min}$ から
$r = r_{\max}$ まで積分して解の整合性をみるより，順方向（$r = r_{\min}$ から
r_c）と逆方向（$r = r_{\max}$ から r_c）で解を計算して，適当な距離 r_c で接
合するほうが精度が良い．規格化定数分の任意性があるので，対数微分
にあたる以下の式を根の探索条件として用いよう．

$$\Delta = \frac{P'_{nl}(r_c^-)/P_{nl}(r_c^-) - P'_{nl}(r_c^+)/P_{nl}(r_c^+)}{P'_{nl}(r_c^-)/P_{nl}(r_c^-) + P'_{nl}(r_c^+)/P_{nl}(r_c^+)} = 0$$

また，接合の際には r_c を適切に選ぶ必要があるが，今の場合は $V(r_c)$
$= -Z/r_c = E_{nl}$ の条件から $r_c = -Z/E_{nl}$ と決めるとよい．

---

[16]これらはポテンシャルの漸近形だけから求まるので，数値計算前の事前知識として使用
しても問題ないだろう．ここで，E_{nl} は実際に求めたい固有値であり，狙い撃ち法ではステ
ップごとに更新されるため，この境界条件も毎回更新する必要がある．

9 モンテカルロ法

─────《 内容のまとめ 》─────

　乱数を用いた統計的な計算手法は総称してモンテカルロ法と呼ばれる．この章では，モンテカルロ法を用いた基本的な積分計算と，その応用としてマルコフ連鎖モンテカルロ法について学ぶ．

乱数生成

　乱数を用いて何らかの計算を行うためには，まず乱数自体を生成する必要がある．計算機は何らかの規則に従ってしか数列を生成できないため，計算機で生成される乱数は，必然的に適当な周期性をもつ擬似乱数となるが，それでも周期が十分長ければ実用上は問題がない．一様乱数や基本的な非一様乱数の生成アルゴリズムの紹介は他書に譲り[1]，ここでは，numpy.random パッケージを用いた基本的な乱数の生成方法をあげておこう．

```
np.random.rand()   # [0,1)の範囲で一様乱数を生成する
np.random.randn()  # 標準正規分布に従う乱数を発生．
```

これらの乱数生成に使われる乱数ジェネレータは PCG-64 というもので，2^{128} という非常に長い周期をもつ．また，同パッケージの Generator モジュールを用いて生成アルゴリズムを変更でき，例えば $2^{19937} - 1$ という途方もない周期性をもつことで有名なメルセンヌツイスターなども利用可能となっている．

───────────────────

[1]例えば，文献 [6] を参照．

モンテカルロ積分

さて，モンテカルロ法の一番基本的な使い方は積分計算である．例えば，

$$I = \int_a^b f(x)dx \tag{9.1}$$

をモンテカルロ法によって評価することを考えよう．第4章では積分区間を適当に分割して値を評価したが，ここではこれを

$$I = \int_{-\infty}^{\infty} P(x)(b-a)f(x)dx = \int_{-\infty}^{\infty} P(x)\tilde{f}(x)dx \tag{9.2}$$

と書き，$P(x) = (\Theta(b-x) - \Theta(a-x))/(b-a)$ を一様分布の確率密度関数とみなしてみよう．ただし，$\Theta(x)$ はステップ関数を表し，$\tilde{f}(x) = (b-a)f(x)$ と定義した．この見方だと I は $\tilde{f}(x)$ の平均で，その分散は $\sigma^2 = \int_{-\infty}^{\infty} P(x)(\tilde{f}(x) - I)^2 dx$ で与えられる．

ここで，区間 $[a,b]$ に一様分布する（すなわち，$P(x)$ に従う）N 個の乱数 r_i を用いて，

$$S = \frac{1}{N} \sum_{i=0}^{N-1} \tilde{f}(r_i) \tag{9.3}$$

と定義すると，S は母平均 I に対する標本平均とみなされる．したがって，中心極限定理より，N が十分大きい極限で，S の分布は平均 I，分散 σ^2/N の正規分布に近づいていく．これは，S で I を近似しようとした場合，例えば，約 99.7% の確率で $|I - S| < 3\sigma/\sqrt{N}$ であることを意味しており，S による積分評価の誤差は $\mathcal{O}(\sigma/\sqrt{N})$ 程度といってよいだろう．このように，モンテカルロ積分の誤差は $N^{-1/2}$ に比例しており，例えば合成中点則による誤差が N^{-2} に比例すること（第4章を参照）と比べると，一見劣っているようにみえる．しかしながら，一般の d 次元積分を考えた場合，各軸方向のメッシュ数の d 乗が N であるから，等間隔メッシュによる積分精度は $N^{-a/d}$ (a は評価方法により，合成中点則なら $a = 2$) となり，高次元になるほど相対的にモンテカルロ積分が効果的となる．

重み付きサンプリング

さて，応用上よくあるのが，関数 $f(x)$ が急峻で，積分領域のほとんどの領

域でほぼゼロとなるような場合である．このような問題に一様乱数を用いるの
はたいへん効率が悪く，$f(x)$ と似た形状をもつ適当な分布関数 $P(x)$ を用い
て規格化し，

$$\int_{-\infty}^{\infty} f(x)dx = \int_{-\infty}^{\infty} P(x)\tilde{f}(x)dx \to \frac{1}{N} \sum_{i=0}^{N-1} \tilde{f}(r_i) \tag{9.4}$$

として，$P(x)$ に従うよう生成した非一様乱数 r_i についての和とするのがよい
（$\tilde{f}(x) = f(x)/P(x)$）．これを**重み付きサンプリング法**と呼ぶ[2]．

マルコフ連鎖モンテカルロ法

　重み付きサンプリング法を応用した統計力学の計算手法に，**マルコフ連鎖モ
ンテカルロ法**というものがある[3]．話を具体的にするため，2 次元正方格子上
のイジング模型を考えよう（$J > 0$ とする）[4]．

$$H(\sigma) = -J \sum_{\langle i,j \rangle} \sigma_i \sigma_j \tag{9.5}$$

ここで，σ_i は ± 1 の値をとるイジング変数で，最近接スピン間の相互作用の
み考えることにする．また，$H(\sigma)$ の σ は L 個のスピン状態 $\sigma = \{\sigma_0, \cdots, \sigma_{L-1}\}$ を表すものとする．この系の逆温度 β $(= 1/k_B T)$ における平衡状態
の性質は，カノニカル分布の分配関数 $Z = \sum_\sigma \exp(-\beta H(\sigma))$ が計算できれ
ば求まるが，系の自由度は膨大であるから，直接これを計算するのは困難を極
める[5]．一方，われわれが知りたいのは平衡状態における物理量の期待値だけ
であるから，

$$\langle A \rangle = \frac{1}{Z} \sum_\sigma e^{-\beta H(\sigma)} A(\sigma) \tag{9.6}$$

を計算できればそれでよい．ここで，分布関数 $P(\sigma) = e^{-\beta H(\sigma)}/Z$ に対して

---

[2] 例えば，一様乱数からガウス分布に従う非一様乱数を生成する有名な手法にボックス-ミ
ュラー (Box-Muller) 法がある．簡便ではあるものの，Python ユーザーが実装の必要性に
迫られることはまずないだろう．
　[3] マルコフ連鎖モンテカルロ法に関する良書は多い．より詳しい内容を知りたい読者は，
例えば文献 [21] などを参照してほしい．
　[4] 詳細は，例えば文献 [17] などを参照．
　[5] 例えば，10×10 サイトの格子でも 2^{100} 通りのスピン状態が可能であり，すべての状態
について数値的に和を求めるのは現実的でない．

重み付きサンプリングの考え方を適用すると，もし $P(\sigma)$ に従う乱数の系列として
スピン状態 σ^i を生成できれば，それを使って，

$$\langle A \rangle \approx \frac{1}{N} \sum_{i=0}^{N-1} A(\sigma^i) \tag{9.7}$$

とできることがわかる．したがって，問題は分布関数 $P(\sigma) = e^{-\beta H(\sigma)}/Z$ に
従うようなスピン状態の系列 σ^i を生成することに帰着する．

詳細釣り合いとメトロポリス法

　このようなスピン状態の生成手法にはさまざまなものが考えられるが，マルコフ連鎖モンテカルロ法では未来の状態の出現確率が現在の状態にしか依存しない，すなわち過去にとった状態の履歴に依存しないようにこれを決める．具体的には，エルゴード性[6]と以下の詳細釣り合い[7]を満たすように乱数列を生成する．

$$P(\sigma^i)T(\sigma^i \to \sigma^{i+1}) = P(\sigma^{i+1})T(\sigma^{i+1} \to \sigma^i) \tag{9.8}$$

ただし，$T(\sigma^i \to \sigma^{i+1})$ はスピン状態 σ^i から σ^{i+1} へ移る遷移確率である．ここでは，詳細釣り合いを満たし，カノニカル分布関数 $P(\sigma)$ を再現する単純な遷移確率として，以下のものを採用しよう（メトロポリス法）．

$$T(\sigma^i \to \sigma^{i+1}) = \begin{cases} 1 & (H(\sigma^i) \geq H(\sigma^{i+1})) \\ e^{-\beta(H(\sigma^{i+1})-H(\sigma^i))} & (H(\sigma^i) < H(\sigma^{i+1})) \end{cases} \tag{9.9}$$

---

[6]ここでのエルゴード性とは，任意のスピン状態 x から別の任意のスピン状態 y へ有限回の遷移で移る確率が常に有限となり（既約性），かつ特定回の遷移で同じ状態に確率 1 で戻るような状態がない（非周期性）ことを指す．この条件が満たされないとき，マルコフ連鎖によって生成されたスピン配列が確率 $P(\sigma)$ に従う乱数とみなせないことは明らかだろう．

[7]一般に，分布関数 $P(\sigma)$ はステップ数 i に依存して変化してよいため，これを $P_i(\sigma)$ と書こう．1 ステップ間の $P_i(\sigma)$ の変化分は確率密度の保存から，

$$P_{i+1}(\sigma) - P_i(\sigma) = \sum_{\sigma'} P_i(\sigma')T(\sigma' \to \sigma) - \sum_{\sigma'} P_i(\sigma)T(\sigma \to \sigma')$$

となる（マスター方程式）．求めたい分布は定常分布であるから $P_{i+1}(\sigma) - P_i(\sigma) = 0$ であり，これは釣り合い条件と呼ばれる．一方，詳細釣り合い条件は，σ^i について和をとる前の素過程 $(\sigma \to \sigma')$ がそれぞれ可逆であることを表しており，より強い条件となっている．詳細釣り合いでなく，釣り合い条件のみを満たすように条件を緩和させることで，計算効率をあげるような試みもなされている．

さて，次に σ^{i+1} の選び方であるが，これはエルゴード性が満たされていれば原理上問題はない．今回は単純に σ^i からスピンを 1 つだけ反転させる状態を次の σ^{i+1} の候補としてみよう．したがって，具体的なアルゴリズムとしては，適当な初期スピン状態 σ^i から出発して，

1. スピン反転を試みるサイトを決定する．これには，$0 \sim L-1$ までの整数をランダムに生成すればよい．

2. 選択したスピン反転によるエネルギー変化を計算し，式 (9.9) から遷移確率 T を計算する．

3. 遷移確率 T に従い，更新を採択する．例えば，$[0,1]$ の範囲で一様乱数 r を生成し，$r \leq T$ $(r > T)$ であれば更新を採択（棄却）すればよい．

を繰り返すことで，カノニカル分布に従うスピン状態の系列が得られる．あとは，生成されたスピン状態を用いて式 (9.7) に従って物理量を計算すればよい．

熱平衡化とサンプリング間隔

さて，実際の計算では初期スピン配列 σ^0 を適当に選び，そこから上で述べたアルゴリズムで逐次 σ^i を更新していくことになる．最初に選んだ σ^0 が分布関数 $P(\sigma)$ から予想される典型的な σ とかけ離れていた場合，当然，最初のほうで生成される σ^i の系列は $P(\sigma)$ を正しく反映したものとはいえないだろう．したがって，通常，σ^i の分布が落ち着くまである程度は更新だけを繰り返し（熱平衡化），きちんと収束したのち物理量の計算も行うようにする．

また，上のアルゴリズムだと，1 回のステップで最大でもスピンが 1 つフリップするだけなので，2 つのスピン状態 σ^i と σ^{i+1} はまったく独立でない．モンテカルロ積分を行うには σ^i を分布 $P(\sigma^i)$ に従う独立な乱数とみなせる必要があるため，毎ステップ物理量を計算して式 (9.7) の和を計算するのは好ましくない．例えば，上の例だと $n = L/\langle T \rangle$ 回（$\langle T \rangle$ は更新の平均採択率）程度で系を独立なものとみなせるため，このくらいの間隔で物理量を計算するのがよいだろう[8]．

---

[8]独立でないサンプルを用いると，サンプル数に対する誤差の減少が小さいため，特に物理量の計算コストが状態の更新コストに比べて大きい場合は，n を大きめにとったほうがよい．サンプルの独立性（自己相関とも呼ばれる）と誤差の見積もりには，例えばジャックナイフ法と呼ばれる手法がよく用いられる（詳細は文献 [21] などを参照）．

絶対零度の計算と焼きなまし法

さて，これまで，有限温度のカノニカル分布に対するマルコフ連鎖モンテ
カルロ法を解説してきたが，場合によっては，有限温度でなく，絶対零度の計
算をしたいこともあるだろう．この場合，物理量の期待値を計算するのに式
(9.7) を使う必要はなく，基底状態のスピン配列 σ_{gnd} を用いて，単に $A(\sigma_{\mathrm{gnd}})$
とすればよい（ここでは基底状態に縮退がない場合を考える）．では，基底状
態のスピン配列 σ_{gnd} をモンテカルロ法によって求めることはできるだろう
か？　これは要するに，系のハミルトニアン $H(\sigma)$ を最小化する σ を求める
問題であるが，H や σ の代わりに，一般の関数 f や変数 x を考えれば，関数
の最小化問題というより一般的な問題に帰着する．モンテカルロ法による有名
な関数の最小化手法に焼きなまし法（シミュレーティッドアニーリング）と呼
ばれるものがあり，マルコフ連鎖モンテカルロ法と関連が深いので，ここで簡
単に紹介しておこう．以下では，適当なスカラー関数 $f(x)$ の最小化を考え，
"分布関数" $P(x)$ を $P(x) = e^{-\beta f(x)}$ と定義しよう．

さて，今まで紹介してきたマルコフ連鎖モンテカルロ法では，分布関数 $P(x)$
に従う乱数列 x^i を生成した．絶対零度はこれの $\beta \to \infty$ に対応するのだか
ら，単純にこれを適用したらどうなるか，最初に考えてみよう．遷移確率の
式 (9.9) を見てみると，$\beta \to \infty$ で $T(x \to x_{i+1}) = 1$ $(f(x) \geq f(x_{i+1}))$ およ
び $T(x \to x_{i+1}) = 0$ $(f(x) < f(x_{i+1}))$ となっており，ステップごとに確実
に $f(x)$ が小さい方向へ x が変化することがわかる．これは一見望ましい挙動
に思えるが，最適化問題の枠組みでは山登り法と呼ばれるよくないやり方で
ある．というのは，$f(x)$ が多数の極小値をもつような関数の場合，極小では
あるが最小ではないような点に容易にトラップされ，一度トラップされたら2
度とそこから出られない[9]．これを改善する一番単純な方法は，まず適当な有
限温度 β_0 からステップを開始し，そこから徐々に β_i を大きくして（冷却し
て），最終的に $\beta \to \infty$ とすることである．冷却率の設定が結果コストや精度
に大きく影響するが，適当な定数 c を用いて，$\beta_{i+1} = c\beta_i$ などとする場合が
多い．このようにして局所解を避けながら大域的な最小解を探すアルゴリズム
は焼きなまし法と呼ばれ，マルコフ連鎖モンテカルロ法の基本的な応用として

---

[9] とはいえ，このような方法は並列化が容易であるから，多数の初期条件から出発して同
時に最適化を走らせることで結果的にほかの手法より高速に解を探せる場合も多い．

知られている.

Python での実装について

　最初に述べたように, 乱数生成には `numpy.random` パッケージを用いればよ
い. `numpy.random.rand` 関数で一様乱数を生成できるほか, `numpy.random.`
`normal` 関数（ガウス分布）や `numpy.random.poisson` 関数（ポアソン分布）
など, さまざまな非一様分布に従う乱数生成の関数も実装されている. SciPy
や NumPy にモンテカルロシミュレーションの関数自体は存在しないので,
自作するのが基本となる. ただし, 最適化手法としての焼きなまし法は
`scipy.optimize` モジュールの `dual_annealing` 関数に収録されているので,
それを用いることができる（使用している遷移確率や冷却率などの表式は
SciPy のドキュメント[10]を参照).

---

[10]https://docs.scipy.org/doc/scipy/reference/generated/scipy.optimize.
dual_annealing.html

例題22　モンテカルロ積分の平均値と分散

一様乱数を用いたモンテカルロ積分によって，$\int_0^1 dx e^{-x}$ を評価せよ．このとき，平均値と分散をそれぞれ計算し，理論値と比較せよ．

考え方

与えられた積分を母集団における平均とみなすと，平均 I および分散 σ^2 は

$$I = 1 - e^{-1}, \qquad \sigma^2 = -\frac{1}{2}(1 - e^{-1})(1 - 3e^{-1})$$

と計算できる．したがって，N 個のサンプリング点を用いた評価値は $(I, \sigma^2/N)$ の正規分布に従っているはずである．例えば，N サンプルの計算を M 回行い，その分布を図で確認してみよう．

‖解答‖

分布の確認にはヒストグラム（plt.hist 関数）を用いると便利である．例えば以下のようにすれば，計算結果と解析解を重ねて表示できる．

```python
N, M = 100, 10000   # N個のサンプリング点での積分をM回行う
X = np.random.rand(N, M)
ans = np.average(np.exp(-X), axis=0)   # M回分の積分結果を取得
ans = np.array(ans) - (1-np.exp(-1))   # 結果を母平均Iから測る
x = np.linspace(-0.1,0.1,200)
s2 = -0.5*(1-np.exp(-1))*(1-3*np.exp(-1))/N
y = np.exp(-x**2/s2/2)/np.sqrt(2*np.pi*s2)
plt.plot(x, y)   # 平均0, 分散s2の正規分布関数のプロット
plt.hist(ans, 51, (-0.1,0.1), density=True)
 # 第1-3引数はそれぞれ関数，ビンの数，ビンの(下限,上限)
 # density=Trueとすると，積分値が1となるよう振幅が調整される
plt.show()
```

例題 23 多次元モンテカルロ積分

d 次元空間の半径 1 の球の体積をモンテカルロ法によって求めよ.

考え方

考える積分を $I = \int_{-1}^{1} d\boldsymbol{x}\,\Theta(1 - ||\boldsymbol{x}||) = 2^d \int_{0}^{1} d\boldsymbol{x}\,\Theta(1 - ||\boldsymbol{x}||)$ とし
て, 区間 $[0,1]$ に一様分布する Nd 個の乱数を用いて計算するのがいいだ
ろう. 解析解は $I = \pi^{d/2}/\Gamma(d/2+1)$ で与えられる. ここで $\Gamma(x)$ はガン
マ関数を表す.

‖解答‖

例えば, 以下のように実装できる.

```python
from scipy.special import gamma
d, N = 3, 100000
d_sphere = lambda x: np.linalg.norm(x, axis=0)<1
I = np.power(np.pi, d/2) / gamma(d/2+1)
ans = 2**d*np.average(d_sphere(np.random.rand(d, N)))
print(ans-I)
```

N を変えながら計算し, 計算精度が $\mathcal{O}(N^{-1/2})$ となっていることを確認して
みてほしい[11]. 例えば, 合成中点則を多重積分に用いると, その誤差は
$\mathcal{O}(N^{-2/d})$ となるため, 一般にモンテカルロ積分は高次元の積分に向いてい
る.

---

[11]d に依存しないわけではない点に注意. 例えば, 今の場合にモンテカルロ法の誤差を見
積もると $\mathcal{O}(\sqrt{(2^d I - I^2)/N})$ となり, d に依存して大きくなる.

例題24　イジング模型のモンテカルロシミュレーションI

　内容のまとめで示したアルゴリズム（メトロポリス法＋シングルスピンフリップ）に従って，イジング模型のカノニカル分布に従うスピン状態の系列を生成してみよう．

考え方

　式 (9.9) やその下の更新アルゴリズムをそのまま実装すればいい．生成したスピン状態を可視化するには imshow 関数を利用するとよいだろう．

‖解答‖

　実際のスピン状態生成を行う前の下準備として，式 (9.9) の右辺を計算する関数を以下のように定義しよう．

```python
def transitions(S, L, J, beta, i, j):
    # Sはスピン状態を表すLxL行列. betaは逆温度.
    # i,jはスピンフリップを試行するサイトインデックス.
    dH = 2*J*S[i,j] * (S[(i-1)%L, j] + S[(i+1)%L, j] \
                     + S[i, (j-1)%L] + S[i, (j+1)%L])
    # 周期境界条件を反映する単純な方法として, mod(%)を用いた
    # 係数の2は, エネルギーの差分は各結合につき2Jであることによる
    T = np.exp(-dH * beta)
    return np.minimum(T, 1.0)
```

ここで，i, j サイトのスピンフリップが影響を与えるのは，最近接スピンとの結合エネルギーだけであることに注意しよう．これを用いて，実際の更新を行う関数を以下のように定義する．

```python
def run(S, L, J, beta, nmax):
    for n in range(nmax):
        i, j = np.random.randint(0, L, 2)
        T = transitions(S, L, J, beta, i, j)
```

```
flip = 1 - 2*(np.random.rand()<T)
# Tが乱数以下であればflip=-1, 以上であればflip=+1
S[i,j] *= flip
if n%10000==0:
    plt.clf()
    plt.imshow(S)
    plt.pause(1e-5)
```

最初に初期スピン構造をランダムに決め，毎ステップのはじめにスピンフリップを試行するサイト (i, j) をランダムに決めている．これを用いて，

```
L, J, beta, nmax = 20, 1, 0.5, 100000
S0 = 1 - 2*(np.random.rand(L, L)<0.5)
run(S0, L, J, beta, nmax)
```

とすると，10 個の図が表示されるはずだ．それぞれが各モンテカルロステップにおけるスピン状態のスナップショットになっている（図 9.1）．

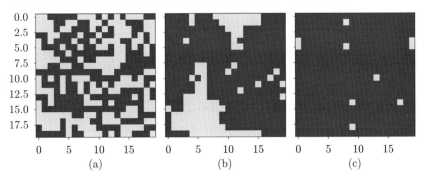

図 9.1: (a) 初期構造, (b) 20000 ステップ目, (c) 50000 ステップ目.

例題25　イジング模型のモンテカルロシミュレーション II

　スピン系列の生成ができたので，実際に物理量を計算してみよう．特に，2次元イジング模型の磁化 $m = \frac{1}{N} \sum_{i=0}^{N-1} \sigma_i$ は $N \to \infty$ の極限で

$$
m = \begin{cases} \left(1 - \sinh^{-4} \frac{2J}{k_B T}\right)^{\frac{1}{8}} & T \leq T_c \\ 0 & T > T_c \end{cases}
$$

となることが知られている ($k_B T_c \approx 2.269J$)．$k_B T = (1.6, 2.0, 2.2, 2.4, 2.6, 2.8)J$ に対して m を計算し，これを確認してみよう．

考え方

　熱平衡化するまでは単純にモンテカルロステップを繰り返し，その後適当な頻度で測定すればいい．磁化の測定には時間がかからないので，熱平衡化までの時間を見積もるために一度計算してみるとよいだろう．

‖解答‖

　磁化の測定は単にスピン変数の平均をとればいいため，例えば run 関数を以下のように修正しよう．

```python
def run(S, L, J, beta, nmax, nmeasure):
    Ms, Ts = [], []
    for n in range(nmax):
        i, j = np.random.randint(0, L, 2)
        T = transitions(S, L, J, beta, i, j)
        Ts.append(np.random.rand()<T)
        flip = 1 - 2*Ts[-1]
        S[i,j] *= flip
        if n%nmeasure==0: Ms.append(np.average(S))
    return np.array(Ms), np.array(Ts)
```

ここでは，遷移確率平均の計算用に毎回 T を保存している．これを用いて，

```python
L, J, beta, nmax, nmeasure = 20, 1, 1/2.2, 300000, 1
S0 = 1 - 2*(np.random.rand(L, L)<0.5)
Ms, Ts = run(S0, L, J, beta, nmax, nmeasure)
plt.xlabel("step", fontsize=14)
plt.ylabel("magnetization", fontsize=14)
plt.plot(Ms)
plt.show()
```

などとすると，今回は図 9.2(a) のようなプロットが表示された．これを見ると，大体 100000 ステップ後には系は熱平衡状態にあると思ってよさそうである．熱平衡状態に達してからの遷移確率平均は np.average(Ts[100000:]) などで計算され，結果は $\langle T \rangle \sim 0.15$ 程度となる．今の系は $L = 20^2 = 400$ サイトであるから，大体 $N/\langle T \rangle \sim 2500$ 程度で測定するのがよいだろう．これらの値は本来パラメータごとに変化するため，きちんと毎回確認したほうがよいが，今回はひとまずこの値を使ってすべての T について計算してみよう．

```python
L, J, nmax, ntherm, nmeasure = 20, 1, 500000, 100000, 2500
kBTs = [1.8, 2.0, 2.2, 2.4, 2.6, 2.8]
Ms, Is = [], []
for kBT in kBTs:
  S0 = 1 - 2*(np.random.rand(L, L)<0.5)
  M0, _ = run(S0, L, J, 1/kBT, nmax, nmeasure)
  M = np.average(M0[ntherm//nmeasure:])
  Ms.append(abs(M))
  Is.append((1-1/np.sinh(2*J/kBT)**4)**(1/8) if kBT<2.26 else 0)
plt.xlabel("temperature", fontsize=14)
plt.ylabel("magnetization", fontsize=14)
plt.plot(kBTs, Ms, ls="solid")
plt.plot(kBTs, Is, ls="dashed")
plt.show()
```

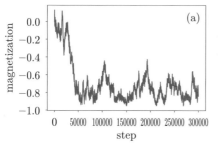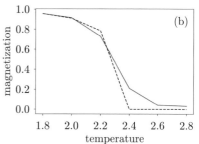

図 9.2: (a) 磁化 m のステップ数依存性. (b) 温度 T-磁化 m プロット. 実線はモンテカルロ計算の結果で破線は厳密解の結果.

典型的な結果としては図 9.2(b) のようになるだろう. 比較的低温や高温の計算はそれなりに厳密解とあっているように見えるが, 転移点 T_c 付近ではかなりずれてしまっている (もちろん, 本来は 1 回計算するだけなく, 何回か独立な系を計算, あるいは適当なステップ数で分割して結果を分けることで統計誤差の影響を確認することが望ましい). これはサイト数 L が有限であることに起因した有限サイズ効果の典型的な現れ方である. 例えば, 低温を考えると, 図 9.1(c) で示したようにほとんど一方向を向いたスピンの中に疎に逆向きのスピンが存在するような配置をしており, 逆向きスピン間の相関は小さい (相関長が短いと表現される). このような場合は, 系の大きさがあまり大きくなくても影響が少なく, 結果として $N \to \infty$ の厳密解と似た振る舞いがみられる[12]. 一方で, 転移点近傍ではある程度固まったスピンのドメインが急激に成長するため, 系のサイズが小さいと $N \to \infty$ の系とはまったく別物の振る舞いをしてしまう. 今回考えたシングルスピンフリップによる更新だと大きな系の配置を更新するのに非常に時間がかかるため, より精密な解を得るには別の手法を考える必要がある[13].

---

[12]統計力学を学んだ読者への注意として, 今は N が有限の系を扱っているので, 厳密な意味での相転移は起きないはずである. それにも関わらず磁化の期待値が有限となっているのは, 低温かつ十分大きな N のため, いま計算しているステップ数の範囲内で磁化が逆転する状態が実現していない (すなわちエルゴード性が破れている) ためである. 相転移の議論をするのであれば, 本来は磁化の 2 乗に対応する磁化率を見るほうがよい.

[13]例えば, ウォルフ (Wolff) アルゴリズムがある. 詳細は文献 [21] などを参照.

10 確率微分方程式

───《 内容のまとめ 》───

　前章では，乱数を用いた数値計算手法について紹介したが，物理現象の中には，確率過程そのものが重要となるようなケースもある．例えば，花粉を水に浮かべて顕微鏡で眺めてみると，花粉から放出された微粒子がランダムに運動し，徐々に拡散していく様子が観察される（ブラウン運動）．このような現象を扱う一番単純なモデルとして，まずは酔歩の問題を考えよう．

酔歩の問題

　簡単のため，サイト数 L の 1 次元格子を考え，その格子点上にのみ花粉微粒子が存在するものと仮定しよう．花粉微粒子の運動は完全にランダムで，1 回のステップごと右か左にそれぞれ $1/2$ の確率で動くものとする．粒子数は各ステップで変化しないから，n ステップ目に粒子が格子点 i にいる確率を P_i^n とおくと，$n+1$ ステップ目の存在確率は

$$P_i^{n+1} = \frac{1}{2}(P_{i-1}^n + P_{i+1}^n) \tag{10.1}$$

と表される．これを少し書き換えると，

$$P_i^{n+1} = P_i^n + \frac{1}{2}(P_{i-1}^n - 2P_i^n + P_{i+1}^n) \tag{10.2}$$

であるが，これは時間と空間の刻み幅を $\Delta t = \Delta x = 1$ とし，時間について前進オイラー法を適用した拡散方程式にほかならない（第 8 章参照）．ただし，拡散係数 D は今の場合 $D = \Delta x^2/2\Delta t = 1/2$ である．ここで，拡散方程式が質量保存の法則（あるいは連続の式）を反映したフィックの法則 $J =$

$-D\partial\rho/\partial x$ であることを思い出そう[1]. 上の対応関係は,このような非平衡現象を確率過程によってシミュレートできる,あるいはこれら 2 つの現象が本質的に等価であることを示唆している.

ランジュバン方程式

さて,先ほどの酔歩と拡散の問題をニュートン力学的立場から考察してみよう.ランジュバンは減衰項 $-v/\mu$ と時刻によって揺らぐランダムな外力 $R(t)$ を導入した以下のニュートン方程式が粒子拡散を記述することを示した.

$$m\frac{dv}{dt} = -\frac{v}{\mu} + R(t) \tag{10.3}$$

この方程式はランダム力 $R(t)$ を含むため決定論的な方程式ではなく,**確率微分方程式**と呼ばれている.ただし,解き方は通常の微分方程式とあまり変わらず,例えば $R(t)$ が t の関数として与えられたとき,直接積分により,

$$v(t) = v_0 e^{-\gamma t} + e^{-\gamma t}\int_0^t e^{\gamma\tau}\frac{R(\tau)}{m}d\tau \tag{10.4}$$

となる($v(0) = v_0, \gamma = 1/m\mu$ とした).数値的に解く場合は,例えばオイラー法による離散化を施し,

$$v(t_{i+1}) = v(t_i) - h\left(\gamma v(t_i) + \frac{R(t_i)}{m}\right) \tag{10.5}$$

などとすればよい(ただし,$h = t_{i+1} - t_i$).

さて,式 (10.3) は 1 粒子の速度 $v(t)$ に関する方程式であるが,多数の粒子が存在するときの確率分布 $P(v, t)$ について考えよう[2].ランダム力 $R(t)$ を $\langle R(t)\rangle = 0$ かつ $\langle R(t)R(t')\rangle = 2k_B T\delta(t - t')/\mu$ を満たす乱数列(ホワイトノイズと呼ばれる)とすると[3],例えば,

$$\langle v^2(t)\rangle = v_0^2 e^{-2\gamma t} + \frac{k_B T}{m}(1 - e^{-2\gamma t}) \xrightarrow{t\to\infty} \frac{k_B T}{m} \tag{10.6}$$

---

[1] 濃度差が小さいときには,物質の流れが濃度差に比例するという法則.酔歩の問題でも粒子数保存が課されている点に注意しよう.

[2] ここでは,すべての粒子は互いに独立で同じ初期条件 v_0 から出発するが,$R(t)$ はそれぞれの粒子ごとに異なるような状況を考えている.あるいは,1 つの粒子で何度も同じ状況を作り,たくさん試行を重ねたと考えてもよい(この場合,$R(t)$ は試行ごとに異なる).

[3] $\langle A(t)\rangle = \frac{1}{N}\sum_{n=0}^{N-1} A(v_n(t), R_n(t), t)$ と定義した.ここで n は粒子(あるいは試行回数)のラベルを表す.$\langle R(t)\rangle \neq 0$ であれば,その部分を抜き出して(ランダムでない)外力とする.係数 $2k_B T/\mu$ は,平衡状態でカノニカル分布を再現するように決めている.

となり，マクスウェル分布 $P(v) \propto \exp(-mv^2/2k_BT)$ に基づく統計平均の結果（エネルギー等分配則）を再現する．したがって，ホワイトノイズのもとでのランジュバン方程式は，平衡状態におけるカノニカル分布を非平衡状態まで拡張したものとみなすこともできる．同様に，変位について $(x(0) = 0)$，

$$\langle x^2(t) \rangle = 2\mu k_B T \left(t - \frac{1 - e^{-\gamma t}}{\gamma} \right) \xrightarrow{t \to \infty} 2\mu k_B T t \tag{10.7}$$

を示すことができ，これは $D = \mu k_B T$（アインシュタインの関係式）としたときの拡散方程式の解と一致している[4]．

伊藤積分とストラトノビッチ積分

さて，式 (10.3) は，ランダム力が微分方程式の右辺に単純に足される形で入っており，これを**加法的ノイズ**と呼ぶ．一方，以下の確率微分方程式，

$$\frac{dx(t)}{dt} = b(x(t), t) + \sigma(x(t), t)R(t) \tag{10.9}$$

のようにノイズと変数が掛け算の形で入っている場合（**乗法的ノイズ**）には，特別な注意が必要である．すなわち，式 (10.9) を直接積分すると，

$$x(t) = x(t_0) + \int_{t_0}^{t} b(x(s), s)ds + \int_{W(t_0)}^{W(t)} \sigma(x(s), s)dW(s) \tag{10.10}$$

が得られるが（形式的に $dW(t) = R(t)dt$ とおいた），右辺第三項は離散化の手法に敏感で値が定まらない．例えば，以下の 2 つの方法，

$$\int_{W(t_0)}^{W(t)} \sigma dW = \lim_{h \to 0} \sum_{i=0}^{n-1} \sigma(x_i, t_i)[W_{i+1} - W_i] \tag{10.11}$$

$$\int_{W(t_0)}^{W(t)} \sigma dW = \lim_{h \to 0} \sum_{i=0}^{n-1} \frac{\sigma(x_{i+1}, t_{i+1}) + \sigma(x_i, t_i)}{2}[W_{i+1} - W_i] \tag{10.12}$$

---

[4]詳細は文献 [22] などを参照．また，$R(t)$ をあとで紹介するガウス過程と仮定すると，もう少し計算を進めることができ，具体的に $P(v, t)$ が満たすべき方程式として，

$$\frac{\partial P(v, t)}{\partial t} = \gamma \left(\frac{\partial}{\partial v} v + \frac{k_B T}{m} \frac{\partial^2}{\partial v^2} \right) P(v, t) \tag{10.8}$$

を得る．この式は，フォッカー-プランク方程式と呼ばれ，定常状態 $\partial P(v, t)/\partial t = 0$ の解として，マクスウェル分布 $P(v) \propto \exp(-mv^2/2k_BT)$ をもつ．

を考えてみよう（ただし，$x_i = x(t_i)$, $h = t_{i+1} - t_i$ などとした）．一見すると2つの式は $h \to 0$ の極限で等価なように思われるが，例として $b(x(t),t) = \mu x(t)$, $\sigma(x(t),t) = \sigma x(t)$ の場合を考えると，それぞれ

$$\text{式 (10.11)} \quad \to \quad x(t) = x(t_0) \exp\left(\left(\mu - \frac{\sigma^2}{2}\right) t + \sigma W(t)\right) \qquad (10.13)$$

$$\text{式 (10.12)} \quad \to \quad x(t) = x(t_0) \exp\left(\mu t + \sigma W(t)\right) \qquad (10.14)$$

に収束することが知られている（例題 28）．これが意味することは，式 (10.9) は式 (10.3) と異なり，式 (10.10) の積分形と式 (10.11) あるいは式 (10.12) のような積分の解釈を与えて，初めてよく定義されるということである．積分の解釈はほかにもさまざまなものが考えられるが，特に式 (10.11) の定義を伊藤積分，式 (10.12) の定義をストラトノビッチ (**Stratonovich**) 積分と呼び，頻繁に用いられる[5]．ストラトノビッチ積分は直感的な積分計算と一致し，微積分の連鎖律なども満たすため，統計物理の問題に現れるのはこの積分が多い[6]．一方，伊藤積分は未来から情報が流入しないという特徴があり，マルチンゲール性や等長性などストラトノビッチ積分にはない性質を併せ持つため，経済学や金融工学の分野でよく扱われる[7]．

数値解法

では，これらの積分の数値計算方法を見ていこう．簡単のため，$R(t)$ によらない部分については，オイラー法を用いるものとする．式 (10.11) および式 (10.12) を念頭におきながら式 (10.9) を離散化すると，それぞれ

---

[5]式 (10.9) の段階でこれを明示するため，$\sigma(x(t),t) \cdot R(t)$ として伊藤積，$\sigma(x(t),t) \circ R(t)$ としてストラトノビッチ積を表すという記法もよく使われる．

[6]実際，式 (10.14) の $x(t)$ を通常の微分の連鎖律に従って微分すると式 (10.9) を満足するが，式 (10.13) の $x(t)$ は満足しない．したがって，もしランダム力 $R(t)$ のもとで $x(t)$ が微分可能であるならストラトノビッチ積分のみが正しい解釈となる．実際は，ホワイトノイズのもとで $x(t)$ が微分不可能となる（つまり，式 (10.9) は意味をもたない！）ため，問題に応じた適切な解釈が必要となる．現象論的に式 (10.9) を与えてしまうと解釈の仕方がわからないという問題は伊藤-ストラトノビッチジレンマとして知られるが，ホワイトノイズの導入が便宜的なもので，実際は微分可能な $x(t)$ を考えるというのであればストラトノビッチ積分が常に正しい解釈となる．また，平衡状態が既知であるなら，対応するフォッカープランク方程式が平衡状態で適切となるものを選べばよい．より詳細な議論は，例えば参考書 [24] を参照．

[7]例えば，参考書 [23] などを参照．

式 (10.11) → $x_{i+1} - x_i = b(x_i, t_i)h + \sigma(x_i, t_i)R_i h$ (10.15)

式 (10.12) → $x_{i+1} - x_i = b(x_i, t_i)h + \dfrac{\sigma(x_{i+1}, t_{i+1}) + \sigma(x_i, t_i)}{2}R_i h$ (10.16)

である. ここで, $W_{i+1}-W_i$ についてもオイラー法を適用し $W_{i+1}-W_i = R_i h$ とした. さて, 式 (10.15) は, 式 (10.9) を通常の微分方程式 $\dot{x}(t) = f(x(t), t)$ のようにみなし, オイラー法を適用したものにほかならない. すなわち, 式 (10.9) に対するオイラー法は伊藤積分に対応する (オイラー–丸山公式).

一方, 式 (10.16) は x_{i+1} を計算するのに x_i だけでなく x_{i+1} も必要な陰解法公式になっている. これをテイラー展開で見積もると, h の1次までで

$$\frac{\sigma(x_{i+1}, t_{i+1}) + \sigma(x_i, t_i)}{2} = \sigma(x_i, t_i) + \frac{h}{2}\frac{d\sigma(x_i, t_i)}{dt} \tag{10.17}$$

$$= \sigma\left(x_i + \frac{h}{2}f(x_i, t_i), t_i + \frac{h}{2}\right) \tag{10.18}$$

である. したがって, ストラトノビッチ積分を実行するには式 (10.18) を式 (10.16) に代入したものを解けばいい. これは, 途中で一度 $k_1 = x_i + \frac{h}{2}f(x_i, t_i)$ を経由するのでツーステップ法と呼ばれる[8]. ところで, ここまでくると, ストラトノビッチ積分と第5章で解説した2次のルンゲ–クッタ法の類似性に気づくだろう. 実際, 式 (10.9) を通常の微分方程式のようにみなし, 2次のルンゲ–クッタ法を適用すると, それはストラトノビッチ積分を実行していることになる. この場合, 式 (10.16) 右辺第一項を, $b(k_1, t_i + \frac{h}{2})h$ として計算していることになり, 式 (10.16) そのものよりも計算精度は良い.

ホワイトノイズの生成方法

ここまで, ランダム力 $R(t)$ の詳細について触れてこなかったが, 最後にこれについて考えよう. $\tilde{R}(t) = (\tilde{R}(t_0), \cdots, \tilde{R}(t_{N-1}))$ を独立な標準正規分布に従う乱数列として生成すると, $N \to \infty$ の極限で,

---

[8] $k_1 = x_i + \frac{h}{2}f(x_i, t_i) = x_i + \frac{h}{2}(b(x_i, t_i) + \sigma(x_i, t_i)R_i)$ の計算に用いる R_i と, それを用いて式 (10.18),(10.16) を計算する際の R_i が "同じ" ものであることに注意してほしい. $R(t)$ が確率変数だからといって, ここで別の値を用いてはならない.

$$\langle \tilde{R}^2(t_i) \rangle = \lim_{N \to \infty} \frac{1}{N} \sum_{n=0}^{N-1} \tilde{R}_n^2(t_i) \tag{10.19}$$

$$= \frac{1}{\sqrt{2\pi}} \int_{-\infty}^{\infty} d\tilde{R}(t_i)\, \tilde{R}^2(t_i) e^{-\frac{1}{2}\tilde{R}^2(t_i)} = 1 \tag{10.20}$$

となる．同様に $\langle \tilde{R}(t_i) \rangle = 0$，また，異なる t に関して $\tilde{R}(t)$ は独立であるから $\langle \tilde{R}(t_i)\tilde{R}(t_j) \rangle = 0 (i \neq j)$ であり，結局，$\tilde{R}(t)$ はホワイトノイズの条件を満たしていることがわかる．このような $\tilde{R}(t)$ はガウス過程と呼ばれ，確率微分方程式のランダム力 $R(t)$ としてよく用いられる[9]．例えば，ランジュバン方程式の場合 $\langle R(t)R(t') \rangle = 2\mu k_B T \delta(t-t')$ とするから，$R(t_i) = \sqrt{2\mu k_B T/h}\,\tilde{R}(t_i)$ と定義すると辻褄が合う．

Python での実装について

確率微分方程式についても SciPy や NumPy にパッケージが存在しない．特に，SciPy の `integrate.solve_ivp` 関数には適応刻み幅制御が実装されているため，刻み幅を固定したものを自分で実装するのがよいだろう．標準正規分布に従う確率変数を生成するのには `numpy.random.randn()` 関数を用いればよい．

---

[9]確率過程 $X_N = (x_0, \cdots, x_{N-1})$ がガウス過程であるとは，その中から任意の k 個を取り出し $X = (x_{t_0}, \cdots, x_{t_{k-1}})$ とおいたとき，その同時確率分布 P_X が常に k 次元正規分布関数 $\mathcal{N}(\boldsymbol{\mu}, \boldsymbol{\Sigma})$ で与えられる $(X \sim \mathcal{N}(\boldsymbol{\mu}, \boldsymbol{\Sigma}))$，あるいは

$$P_X(\boldsymbol{x}) = \frac{1}{\sqrt{(2\pi)^k \det \boldsymbol{\Sigma}}} \exp\left(-\frac{1}{2}(\boldsymbol{x} - \boldsymbol{\mu})^T \boldsymbol{\Sigma}^{-1} (\boldsymbol{x} - \boldsymbol{\mu}) \right)$$

であることを指す．ここで，$\boldsymbol{\mu}$ は k 次元平均ベクトル，$\boldsymbol{\Sigma}$ は $k \times k$ 次元共分散行列を表す（ただし，$\boldsymbol{\Sigma}$ は正定値対称とする）．上の例ではすべての $\tilde{R}(t_i)$ が独立な 1 次元標準正規分布関数に従っているため，$\boldsymbol{\mu} = \boldsymbol{0}$，$\Sigma_{ij} = \delta_{ij}$ のガウス過程に対応している．

例題 26　酔歩

　式 (10.2) を実装し，酔歩のシミュレーションを行え．初期状態を $i = 0$ で $P_i^0 = 1$，$i \neq 0$ で $P_i^0 = 0$ とし，n ステップ後の粒子数分布を計算せよ．

考え方

　Python で統計平均をとろうとする場合，1 粒子での計算を何度も繰り返すより，独立な N 粒子系を用意したほうが断然効率が良い．確率 1/2 で左右のサイトに飛び移る過程は，r_i を区間 $[0,1)$ 内で生成した一様乱数として，$r_i < 1/2$ なら右，$r_i \geq 1/2$ なら左に移るなどとしてシミュレートできる．また，内容のまとめで説明したように酔歩の粒子数分布は拡散方程式に従うが，拡散方程式の初期条件 $P(x, 0) = \delta(x)$ を満たす解は $(D = 1/2)$，

$$P(x, t) = \frac{1}{\sqrt{2\pi t}} \exp\left(-\frac{x^2}{2t}\right)$$

で与えられる．これを計算のチェックに用いてみよう．

‖解答‖

酔歩を記述する関数を以下のように定義しよう．

```python
def RandomWalk(x0, nmax): # x0:初期状態配列, nmax:最大ステップ数
    ans = [x0]
    for i in range(nmax-1):
        p = np.random.rand(len(x0)) < 0.5
        # 要素が確率1/2で1か0で与えられる配列の生成
        x1 = x0 + 2*(p-0.5)
        ans.append(x1)
        x0 = x1
    return np.array(ans)
```

これを用いて，例えば粒子数 $L = 50000$，最大ステップ数 $N = 1001$ として計算し，プロットするには，例えば以下のようにする．

```
y = RandomWalk(np.zeros(50000), 1001)
x = np.linspace(-100,100,100)
for t in [10,100,1000]:
    P = np.exp(-x**2/(2*t))/np.sqrt(np.pi*2*t)
    plt.plot(x, P)
    plt.hist(y[t],101,(-101,101),density=True)
    # ビンの幅を2, ビンの中央が0となるように調整
    plt.show()
```

実行すると以下のような図が得られるだろう. この例のように, 多数の粒子で計算して平均をとることで適切な分布に収束することが確認できる.

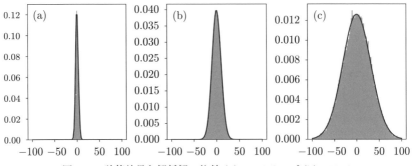

図 10.1: 計算結果と解析解の比較 (a) 10 ステップ (b) 100 ステップ (c) 1000 ステップ目の結果で, 横軸はサイトのインデックス, 縦軸は粒子数分布に対応する.

例題 27 ランジュバン方程式

式 (10.3) のランジュバン方程式を解き，速度の統計平均が $t \to \infty$ でエネルギー等分配則 $\langle v^2(t) \rangle = k_B T/m$ を満たすことを確認せよ．

考え方

前問と同様に独立な N 粒子系を考え，平均をとろう．ノイズは加法的であるから，伊藤積分もストラトノビッチ積分も同じ結果を与える．

∥解答∥

例題 7 で作成したものを，乱数列 $R(t)$ を引数とするよう少し書き換えて，

```python
def SDE(rhs, t, x0, R, args=(), method="Euler"):
    ans = [x0]
    for i in range(len(t)-1):
        h = t[i+1]-t[i]
        if method=="Euler":
            x1 = x0 + h*rhs(t, x0, R[i], *args)
        elif method=="RK2":
            p1 = x0 + 0.5*h*rhs(t, x0, R[i], *args)
            x1 = x0 + h*rhs(t+0.5*h, p1, R[i], *args)
        ans.append(x1)
        x0 = x1
    return np.array(ans)
```

と定義しよう．内容のまとめで述べたように，乱数列 $R(t)$ は正規分布に従うように生成すればいい．これを用いて，

```python
rhs = lambda t, x, R, m, mu: (-x/mu + R)/m
m, mu, kBT, N = 1, 2, 0.1, 100000 # パラメータの設定
t, x0 = np.linspace(0,10,101), np.zeros(N)
h = t[1]-t[0]
```

```
R = np.sqrt(2*kBT/mu/h)*np.random.randn(len(t),len(x0))
v = SDE(rhs, t, x0, R, (m, mu), "RK2")
```

などとして，各粒子の $v(t)$ が計算できる[10]．これを用いて $\langle v^2(t) \rangle$ の時間依存性をプロットするには，例えば以下のようにすればいい（図 10.2）．

```
vv = np.average(v*v, axis=1)
I = kBT/m*(1-np.exp(-2*t/(m*mu))) # (10.6)式でv_0=0としている
plt.plot(t, vv, label="numerical")
plt.plot(t, I, ls="dashed", label="analytical")
plt.xlabel("time", fontsize=12)
plt.ylabel("$<v^2>$", fontsize=12)
plt.legend()
plt.show()
```

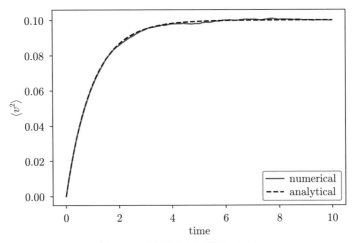

図 10.2: 計算結果と解析解の比較

---

[10]ここでは次の例題で使用できるよう N 粒子に対する乱数列 $R(t)$ を引数として渡す設定にしたが，これだとかなり多くのメモリを必要とする．通常の用途では，時間に関する for ループの中で毎回定義し直すのがよいだろう．

例題 28　幾何ブラウン方程式

以下の式を伊藤積分およびストラトノビッチ積分を用いて解け.

$$\frac{dx(t)}{dt} = \mu x(t) + \sigma x(t) R(t)$$

また，得られた結果が解析解式 (10.13) および式 (10.14) と一致すること
を確認せよ.

考え方

内容のまとめで述べたように，伊藤積分についてはオイラー法を，スト
ラトノビッチ積分については 2 次のルンゲ–クッタ法を用いればよい．適
当なパラメータと前問の関数を用いて計算してみよう.

‖解答‖

前問の関数 SDE をそのまま使用することができる．例えば $\mu = 0.2$, $\sigma = 0.5$
および $\langle R(t)R(t') \rangle = \delta(t - t')$ として計算するなら，

```python
rhs = lambda t, x, R, mu, s: mu*x + s*x*R
t, x0, mu, s = np.linspace(0,5,1000), 1, 0.2, 0.5
h = t[1]-t[0]
R = np.random.randn(len(t))/np.sqrt(h)
W = np.cumsum(h*np.append([0],R))[:-1]
y_Euler = SDE(rhs, t, x0, R, (mu,s), "Euler")
y_RK2   = SDE(rhs, t, x0, R, (mu,s), "RK2")
I_Ito           = np.exp((mu-s**2/2)*t+s*W)
I_Stratonovich = np.exp(mu*t+s*W)
ys = [y_Euler, y_RK2, I_Ito, I_Stratonovich]
cols = ["red", "blue", "pink", "cyan"]
labs = ["Euler", "RK2", "Ito", "Stratonovich"]
stys = ["-", ":", "--", "-."]
for y, col, lab, sty in zip(ys, cols, labs, stys):
    plt.plot(t, y, c=col, ls=sty, label=lab)
```

```
plt.xlabel("time", fontsize=12)
plt.ylabel("$x(t)$", fontsize=12)
plt.legend()
plt.show()
```

などでよいだろう．オイラー法を用いたものは伊藤積分の解析解と，2次のルンゲ-クッタ法を用いたものはストラトノビッチ積分の解析解と十分近い計算結果となっているが，それぞれは大きく異なっている点に注意してほしい（図10.3）.

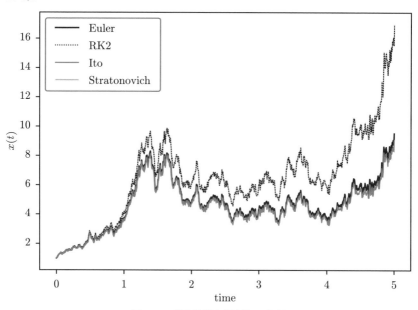

図 10.3: 計算結果と解析解の比較

例題 29 確率論的ランダウ–リフシッツ–ギルバート方程式

磁場下での古典スピン $\boldsymbol{n}(\|\boldsymbol{n}\| = 1)$ の時間発展を記述する方程式として，以下のランダウ–リフシッツ–ギルバート (LLG) 方程式を考えよう.

$$\frac{d\boldsymbol{n}}{dt} = -\gamma \boldsymbol{n} \times \boldsymbol{B} + \alpha \boldsymbol{n} \times \frac{d\boldsymbol{n}}{dt}$$

ここで，$\boldsymbol{B}$ は磁束密度，$\gamma \approx 2\mu_B/\hbar > 0$（$\mu_B$ はボーア磁子，$\hbar$ はディラック定数）は電子の磁気回転比，α はギルバート減衰定数を表す. 有限温度を扱う場合は $\boldsymbol{B} = \boldsymbol{B}_{\mathrm{e}} + \boldsymbol{R}(t)$ とし，ランダム磁場 $\langle R_i(t) R_j(t') \rangle = \alpha k_B T \hbar \delta_{ij} \delta(t - t')/\mu_B^2$ を与えると，平衡状態でカノニカル分布を再現する[11]. この微分方程式を解き，磁場 $\boldsymbol{B}_{\mathrm{e}} = B_{\mathrm{e}}(1, 0, 0)$ 方向の磁化が，

$$\langle n(t) \rangle \overset{t \to \infty}{\longrightarrow} \coth\left(\frac{\mu_B B_{\mathrm{e}}}{k_B T}\right) - \frac{k_B T}{\mu_B B_{\mathrm{e}}}$$

となることを確認せよ.

考え方

ランダムノイズが乗法的である点に注意. カノニカル分布を再現する積分はストラトノビッチ積分であるから 2 次のルンゲ–クッタ法を用いよう. また，$\mu_B B_{\mathrm{e}}$ と $k_B T$ を適当なエネルギー単位 E_0 で測り，時刻 t を $\hbar/E_0$ で測ると式が簡略化される[12]. $\|\boldsymbol{n}(t)\| = 1$ を用いて式を書き直し，最後に極座標 (ϕ, θ) 表示に移ると結果的に以下の式を得る[13].

$$\dot{\phi} = -\frac{2}{1 + \alpha^2} \frac{1}{\sin\theta}(\Omega_\theta - \alpha\Omega_\phi)$$

$$\dot{\theta} = \frac{2}{1 + \alpha^2}(\Omega_\phi + \alpha\Omega_\theta)$$

---

[11]ハミルトニアン $H = -\mu_B \boldsymbol{n} \cdot \boldsymbol{B}$ を考えることに対応する.

[12]この単位で測ると $\mu_B R_i(t_n) = \sqrt{\alpha k_B T/\Delta t}\,\tilde{R}_i(t_n)$（$\tilde{R}(t_n)$ は標準正規分布に従う乱数列）などとなる.

[13]具体的には，まず左辺の $\dot{\boldsymbol{n}}$ を右辺に代入することにより $(1 + \alpha^2)\dot{\boldsymbol{n}} = -\gamma \boldsymbol{n} \times \boldsymbol{B} + \alpha\gamma[\boldsymbol{B} - (\boldsymbol{n} \cdot \boldsymbol{B})\boldsymbol{n}]$ となる. ここで，ベクトル外積の公式 $\boldsymbol{A} \times (\boldsymbol{B} \times \boldsymbol{C}) = (\boldsymbol{A} \cdot \boldsymbol{C})\boldsymbol{B} - (\boldsymbol{A} \cdot \boldsymbol{B})\boldsymbol{C}$ および $\boldsymbol{n} \cdot \boldsymbol{n} = 1$ より $\boldsymbol{n} \cdot \dot{\boldsymbol{n}} = 0$ であることを用いた. 次に極座標表示に移り，$\dot{\boldsymbol{n}} = \dot{\theta}\boldsymbol{e}_\theta + \dot{\phi}\sin\theta\boldsymbol{e}_\phi$ および $\boldsymbol{\Omega} = \mu_B \boldsymbol{B} = \Omega_n \boldsymbol{n} + \Omega_\theta \boldsymbol{e}_\theta + \Omega_\phi \boldsymbol{e}_\phi$ によって式を書き直すと，$\hbar(1 + \alpha^2)(\dot{\theta}\boldsymbol{e}_\theta + \dot{\phi}\sin\theta\boldsymbol{e}_\phi) = -2(\Omega_\theta \boldsymbol{e}_\phi - \Omega_\phi \boldsymbol{e}_\theta) + 2\alpha(\Omega_\theta \boldsymbol{e}_\theta + \Omega_\phi \boldsymbol{e}_\phi)$ となる. ここでは，$\boldsymbol{n} \times \boldsymbol{e}_\theta = \boldsymbol{e}_\phi$，$\boldsymbol{n} \times \boldsymbol{e}_\phi = -\boldsymbol{e}_\theta$ などを用いる. 最後に単位系を変更し，$\boldsymbol{e}_\theta$ と $\boldsymbol{e}_\phi$ 成分をそれぞれ比較することで与式を得る.

ここで $\Omega_\phi = \mu_B \boldsymbol{B} \cdot \boldsymbol{e}_\phi$ および $\Omega_\theta = \mu_B \boldsymbol{B} \cdot \boldsymbol{e}_\theta$ である[14].

‖解答‖

ベースとなるルンゲ–クッタ法は例題 27 で作った SDE 関数を用いればよい.
微分方程式右辺を記述する関数は,例えば以下のようにする.

```python
def rhs(t, x, R, N, alpha, Be):
    # x[:N]がNスピンのphi成分, x[N:]がtheta成分に対応
    # alphaはギルバート減衰定数, Beは外部磁場を表す
    phi, theta, B = x[:N], x[N:], Be+R
    ct, cp = np.cos(theta), np.cos(phi)
    st, sp = np.sin(theta), np.sin(phi)
    ep = np.array([-sp, cp, np.zeros(N)]).T
    et = np.array([ct*cp, ct*sp, -st]).T
    Ome_p = np.sum(ep*B, axis=1)
    Ome_t = np.sum(et*B, axis=1)
    ans_phi   = -2*(Ome_t - alpha*Ome_p)/st/(1+alpha**2)
    ans_theta =  2*(Ome_p + alpha*Ome_t)/(1+alpha**2)
    return np.array([ans_phi, ans_theta]).flatten()
```

途中,中間変数を用いることで演算回数を減らしている.例えば,$k_B T = 1$
を固定して,いくつかの $\mu_B B_e$ について $\langle n_x(t) \rangle$ をプロットするには,

```python
# パラメータと初期状態の設定
N, t, alpha, kBT = 10000, np.linspace(0,10,1000), 0.5, 1
x0, dt = np.pi*np.random.rand(2*N), t[1]-t[0]
for Be in np.linspace(1e-9,5,6): # B_eの値を変えながら計算
    _Be = Be*np.outer(np.ones(N), np.array([1,0,0]))
    R = np.sqrt(alpha*kBT/dt)*np.random.randn(len(t),N,3)
    y = SDE(rhs, t, x0, R, args=(N,alpha,_Be), method="RK2")
    nx = np.sin(y[:,N:])*np.cos(y[:,:N]) # n_xを計算
```

---

[14] $\boldsymbol{e}_\phi = (-\sin\phi, \cos\phi, 0)$, $\boldsymbol{e}_\theta = (\cos\theta\cos\phi, \cos\theta\sin\phi, -\sin\theta)$ と定義される.

```
    I = 1/np.tanh(Be/kBT) - kBT/Be          # 解析的な値
    plt.plot(t, np.average(nx, axis=1))
    plt.plot(t, I*np.ones(len(t)), ls="dashed")
plt.xlabel("time", fontsize=14)
plt.ylabel("magnetization", fontsize=14)
plt.show()
```

などとすればよい．数分程度時間がかかるだろうが，正しく計算ができていれば図 10.4 のようなプロットが表示されるはずだ．

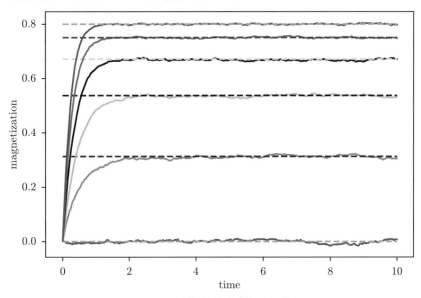

図 10.4: 計算結果と解析解の比較

11 最適化問題

―――《 内容のまとめ 》―――

　最適化問題とは，特定の集合 X 上で定義された連続または離散値をとる関数 $F(x)$ について，その値が最小（あるいは最大）となるような状態 $x \in X$ を探索する問題である．X や F に応じてさまざまな問題が考えられ，物理にも頻繁に登場する．問題に応じて解き方が大きく異なるが，まずは 1 つ見てみよう．

最小二乗法

　適当な入力 $A = (\boldsymbol{a}_0, \cdots, \boldsymbol{a}_{n-1})^T$ とそれに対応する出力 $\boldsymbol{y} = (y_0, \cdots, y_{n-1})^T$ が与えられたとき，入出力間の関係を推定する問題を考えよう．ただし，$\boldsymbol{a}_i$ を m 次元ベクトルとし，$m \leq n$ とする．回帰あるいはフィッティングとは，k 個のパラメータ $\boldsymbol{x} = (x_0, \cdots, x_{k-1})^T$ を含む適当なモデル $f_{\boldsymbol{x}}(\cdot)$ によってこの関係を模擬し，未知の入力に対してその出力を予測することを指す．これは，通常 $\boldsymbol{f}(\boldsymbol{x}) = (f_{\boldsymbol{x}}(\boldsymbol{a}_0), \cdots, f_{\boldsymbol{x}}(\boldsymbol{a}_{n-1}))^T$ と $\boldsymbol{y}$ との差を表す関数 $\epsilon(\boldsymbol{x})$ を定義し，$\epsilon(\boldsymbol{x})$ を最小とする $\boldsymbol{x}$ を求めることでなされるが，これはまさに最適化問題の一例である．例えば，$k = m$ として $f_{\boldsymbol{x}}(\boldsymbol{a}_i) = \boldsymbol{a}_i \cdot \boldsymbol{x}$ をモデル関数，$\epsilon(\boldsymbol{x})$ として二乗和を採用すると，

$$\epsilon(\boldsymbol{x}) = ||\boldsymbol{f}(\boldsymbol{x}) - \boldsymbol{y}||^2 = ||A\boldsymbol{x} - \boldsymbol{y}||^2 \tag{11.1}$$

を $\boldsymbol{x}$ について最小化する問題となり，最小二乗問題と呼ばれる（例えば，入力が $\boldsymbol{a} = (1, t, t^2)$ であれば，$y(t) = x_0 + x_1 t + x_2 t^2$ の 2 次多項式フィットになる）．解き方としては，極値を求めるやり方で，

$$\nabla \|A\boldsymbol{x} - \boldsymbol{y}\|^2 = 0 \quad \Leftrightarrow \quad A^T A \boldsymbol{x} = A^T \boldsymbol{y} \tag{11.2}$$

を $\boldsymbol{x}$ について解くのが一般的である. 特に, ${\rm rank}A = m$ であれば $A^T A$ が正則となり[1], 第6章で学んだ通り LU 分解で解が求まる[2]. 解は一意であるから, これは最小化問題の答えと等しい.

ロジスティック回帰

非線形のモデル関数を用いる例として, 出力 y_i が 0 か 1 で与えられるクラスタリングの問題(二値分類)を考えよう. モデル関数も不連続なものにしてしまうと扱いづらいので, ここでは, $x \to \infty(-\infty)$ の極限値として 1(0) をとる性質の良い関数として, ロジスティック関数

$$\phi(x) = \frac{1}{1 + e^{-x}} \tag{11.3}$$

を用い, $f_{\boldsymbol{x}}(\boldsymbol{a}_i) = \phi(\boldsymbol{a}_i \cdot \boldsymbol{x})$ を採用する. さらに, コスト関数として交差エントロピー誤差と呼ばれる以下の表式

$$\epsilon(\boldsymbol{x}) = -\sum_{i=0}^{n-1} [y_i \log(f_{\boldsymbol{x}}(\boldsymbol{a}_i)) + (1 - y_i) \log(1 - f_{\boldsymbol{x}}(\boldsymbol{a}_i))] \tag{11.4}$$

を最小化するフィッティングはロジスティック回帰と呼ばれる[3]. 同様に,

$$\boldsymbol{\nabla}\epsilon(\boldsymbol{x}) = 0 \quad \Leftrightarrow \quad (\boldsymbol{y} - \boldsymbol{f}(\boldsymbol{x}))A = 0 \tag{11.5}$$

の解 $\boldsymbol{x}$ を求める問題に帰着するが, これは通常の根の探索問題である. この誤差関数は凸関数であることが知られており[4], 先ほどの例と同様, 適当な手

---

[1] $A\boldsymbol{x} = \boldsymbol{0} \to A^T A \boldsymbol{x} = \boldsymbol{0}$ および $A^T A \boldsymbol{x} = \boldsymbol{0} \to (A\boldsymbol{x})^T (A\boldsymbol{x}) = \boldsymbol{0} \to A\boldsymbol{x} = \boldsymbol{0}$ より ${\rm Ker}A = {\rm Ker}A^T A$. ${\rm rank}A = m$ (A がフルランク) は ${\rm Ker}A = \{\boldsymbol{0}\} = {\rm Ker}A^T A$ を意味するが, これは $A^T A$ が正則であることと等価である. なお, ここで ${\rm Ker}A$ は A のカーネルを表しており, $A\boldsymbol{x} = \boldsymbol{0}$ となるベクトル $\boldsymbol{x}$ の集合を意味する.
[2] 実際は, $A^T A$ が特異的な(あるいは特異性が強い)場合にも安定であるように, 特異値分解を用いた解法が実装されることが多い.
[3] パーセプトロンとも呼ばれる. 過学習を防ぐための正則化もしばしば行われる.
[4] 簡単のため 1 変数モデル $f_x(a_i) = \phi(a_i x)$ を考えよう. y_i が 0 か 1 しかとらないこと, および凸関数どうしの和は凸関数であることから, $-\log(\phi(a_i x))$ と $-\log(1 - \phi(a_i x))$ がどちらも凸であれば $\epsilon(x)$ は凸である. 両者は 2 階微分可能で $d_x^2[-\log(\phi(a_i x))] = d_x^2[-\log(1 - \phi(a_i x))] = a_i^2/(2 + 2\cosh(a_i x)) \geq 0$, よって $\epsilon(x)$ は凸関数. 多変数の場合は少し複雑になるが, ヘッシアンを用いて同様に示すことができる.

法（第7章参照）で解が求まれば，それが最小化問題の答えとなる．モデル関数は，問題に応じて適当に決めればよいが，これらの例のように誤差関数の性質が良くなるように決めるのが普通である．

最小化と根の探索問題について

さて，最適化問題としてフィッティングの例を2つ見てきたが，そこでは最適化する関数を微分して極値を求める方程式を導出し，その根の探索問題を解くことで最適化問題を解いていた．これが有効だったのは，最適化したい関数が微分可能（かつ現実的なコストで評価可能）であったこと，および根の探索問題の解が最小化問題の解と等しいという保証があったためである．関数が微分可能でなければそもそも根の探索問題にマップできないし，微分可能であっても多数の極値をもつ一般の関数に対しては，この手法では失敗する可能性が高い．このうち，前者については微分を必要としない最適化問題の解法がいろいろと提案されており，一番単純な例として黄金分割探索を次節で紹介する．後者については2通りの解決方法があり，(a) 局所的には極小値が1つであると仮定して初期値近傍の最小値を探索し（局所最適化），初期値を変えながらこれを繰り返すという方法（大域的最適化）と，(b) 最初から大域的な最小化問題を取り扱い，多数の極値があってもそれによらずに最小値を探しだす方法とがある．本書では (a) の局所最適化手法として共役勾配法を，(b) の方法としてベイズ最適化を紹介する．これら以外にも問題に応じて，さまざまな最適化手法が存在するため，詳細は巻末の文献 [6] などを参照してほしい．

黄金分割探索

まずは，黄金分割探索を紹介しよう．これは1変数の準凸関数[5]に適用できる最適化手法で，微分値の計算を必要としない．このような1変数問題の最適化は，多変数問題の最適化計算に組み込まれることも多く，単なる練習問題以上の意味をもつ．考え方としては，根の探索問題の二分法と似ている．二分法では，解の左右の2点の値があれば，その中に解が存在することがわかるため，その中で3点目を計算し，そのうちの2点を選ぶことで探索範囲を

---

[5]定義域 S 上の関数 $f(x)$ で，任意の $x, y \in S$ および $\lambda \in [0, 1]$ に対して $f(\lambda x + (1 - \lambda)y) \leq \max(f(x), f(y))$ を満たす関数．このとき，関数 $g(x) = -f(x)$ は準凹関数と呼ばれる．例えば，正規分布関数は凹関数ではないが準凹関数である．

狭めていった．極値の場合は，ある区間内に極値が存在することを知るには3点の情報が必要となるため，3点の情報を保持しながら4点目を計算し，そのうちの3点を選ぶことで探索範囲を狭めていく．具体的には，以下のステップを繰り返すことで最小値を探索する．

1. 区間 $[a, b]$ を定める．ただし，$[a, b]$ 間の2点 p, q を

$$p = b - (b - a)(\Phi - 1) \tag{11.6}$$

$$q = a + (b - a)(\Phi - 1) \tag{11.7}$$

と定義したとき，$\min(f(p), f(q)) < \min(f(a), f(b))$ となるようにする．ここで $\Phi = (1 + \sqrt{5})/2$ は黄金比を表す（大小関係は $a < p < q < b$）．

2. (i)$f(p) \leq f(q)$ であれば (a, p, q) を新たな (a, q, b) と，(ii)$f(p) > f(q)$ であれば (p, q, b) を新たな (a, p, b) とみなす．

3. (i) であれば式 (11.6) に従い p および $f(p)$ を，(ii) であれば式 (11.7) に従い q および $f(q)$ を計算する．これで4点の情報が揃う．

4. 2. に戻って操作を繰り返す．

これが黄金分割探索と呼ばれる所以は，保持している3点間の距離（短辺と長辺）の比が常に黄金比 Φ となるためである[6]．これは $f(x)$ が極値を複数もつような場合には適用できず，局所最適化手法となっている．

共役勾配法

次に，多変数関数 $f(\boldsymbol{x})$ の局所最小化問題を考えよう．考えている領域で極小値が1つのみ存在し（$\bar{\boldsymbol{x}}$ とおこう），$f(\boldsymbol{x})$ が十分滑らかな関数と仮定すると，

$$f(\boldsymbol{x}) \approx c_0 - \boldsymbol{b}_0 \cdot (\boldsymbol{x} - \bar{\boldsymbol{x}}) + \frac{1}{2}(\boldsymbol{x} - \bar{\boldsymbol{x}})^T A (\boldsymbol{x} - \bar{\boldsymbol{x}}) \tag{11.8}$$

$$= c - \boldsymbol{b} \cdot \boldsymbol{x} + \frac{1}{2}\boldsymbol{x}^T A \boldsymbol{x} \tag{11.9}$$

としてよいだろう．ただし，$c_0 = f(\bar{\boldsymbol{x}})$, $\boldsymbol{b}_0 = -\boldsymbol{\nabla} f(\bar{\boldsymbol{x}})$ であり，A は $f(\boldsymbol{x})$

---

[6]逆に，ステップ2. の (i) と (ii) でこの比を常に一定に保つには Φ が黄金比でなければならない．これに関連して，二分法ではステップごとに探索空間が常に半分になっていくが，黄金分割法では $(\Phi - 1)$ 倍で減少していく．

の $\bar{\boldsymbol{x}}$ におけるヘッシアン[7]であるとする. ここで, もし $\boldsymbol{b}$ と A が既知であれば, この問題は $\boldsymbol{\nabla} f(\boldsymbol{x}) = \boldsymbol{b} - A\boldsymbol{x} = 0$ より, LU 分解や共役勾配法を用いて解くことができる. もちろん, 実際は $\boldsymbol{b}$ や A は基準点 $\bar{\boldsymbol{x}}$ に依存していて, $\bar{\boldsymbol{x}}$ はむしろ今求めたい問題の解であるから, これを軸に計算を進めることはできない. ここで, 議論を進めるため, いま $\bar{\boldsymbol{x}}$ 近傍の任意の点 $\boldsymbol{x}_i$ で $\boldsymbol{r}_i = -\boldsymbol{\nabla} f(\boldsymbol{x}_i)$ を計算できるものと仮定し, 第6章で説明した共役勾配法をこの問題に適用することを考えよう[8]. つまり, $\boldsymbol{x}_0$, $\boldsymbol{r}_0 = -\boldsymbol{\nabla} f(\boldsymbol{x}_0)$, $\boldsymbol{p}_0 = \boldsymbol{r}_0$ から出発して, $(\boldsymbol{x}_i, \boldsymbol{r}_i, \boldsymbol{p}_i)$ を逐次更新していく. ただし, 式 (6.6)-(6.8) は $\boldsymbol{b}$ や A に陽に依存しているため, 少し書き換えて以下のようにしよう.

$$\boldsymbol{x}_{i+1} = \boldsymbol{x}_i + \alpha_i \boldsymbol{p}_i \tag{11.10}$$

$$\boldsymbol{r}_{i+1} = -\boldsymbol{\nabla} f(\boldsymbol{x}_{i+1}) \tag{11.11}$$

$$\boldsymbol{p}_{i+1} = \boldsymbol{r}_{i+1} + \beta_i \boldsymbol{p}_i \tag{11.12}$$

ここで第6章のときと同様に, $\beta_i = (\boldsymbol{r}_{i+1}^T \boldsymbol{r}_{i+1})/(\boldsymbol{r}_i^T \boldsymbol{r}_i)$ とする. 一方, A がわからないので α_i を $\alpha_i = (\boldsymbol{r}_i^T \boldsymbol{p}_i)/(\boldsymbol{p}_i^T A \boldsymbol{p}_i)$ から計算することはできない. では, どうするかというと, 次の1変数関数の最小化問題を (黄金分割探索などで) 数値的に解くことで α_i を求める.

$$\alpha_i = \operatorname{argmin}_\alpha \bar{F}(\alpha) = \operatorname{argmin}_\alpha f(\boldsymbol{x}_i + \alpha \boldsymbol{p}_i) \tag{11.13}$$

これで式 (11.10)-(11.12) の右辺はすべて計算できるから, 方程式としては閉じていることになる.

さて, 式 (11.13) で求めた α_i を用いて式 (11.10) から $\boldsymbol{x}_{i+1}$ を決めると, ($f(\boldsymbol{x})$ は $\boldsymbol{x}_{i+1}$ において $\boldsymbol{p}_i$ 方向に極小であるから) $\boldsymbol{p}_i \cdot \boldsymbol{\nabla} f(\boldsymbol{x}_{i+1}) = 0$ である. ここで, $\boldsymbol{r}_{i+1} = -\boldsymbol{\nabla} f(\boldsymbol{x}_{i+1}) = \boldsymbol{r}_i - \alpha_i A \boldsymbol{p}_i$ を代入すると, 結局 $\alpha_i = (\boldsymbol{r}_i^T \boldsymbol{p}_i)/(\boldsymbol{p}_i^T A \boldsymbol{p}_i)$ であることがわかる. したがって, $f(\boldsymbol{x})$ の近似式 (11.9) が厳密なら, この手法は線形連立方程式に対する共役勾配法と等価となっている.

---

[7] 関数 $f(\boldsymbol{x})$ の $\bar{\boldsymbol{x}}$ におけるヘッシアンとは, その i 行 j 列成分が $\frac{\partial^2 f(\boldsymbol{x})}{\partial x_i \partial x_j}|_{\boldsymbol{x}=\bar{\boldsymbol{x}}}$ である行列を指す.

[8] 導関数の情報を用いない最適化手法には, ネルダー–ミード (Nelder-Mead) 法やパウエル (Powell) 法があり, どちらも scipy.optimize.minimize 関数に収録されている. また, 収束性は悪くなるが, 微分値を直接計算できなくても, 数値微分による評価値で共役勾配法を行うこともできる. 問題や計算リソースによって必要な安定性や収束性は異なるから, 適切な手法がわからない場合はとりあえずいろいろ試してみるのもよいだろう.

ベイズ最適化

原理的にはこれまで述べた手法を初期条件を変えながら適用することで，多数の極値をもつ関数の大域的最適化を行うことができる．ただし，この作業は一般に非常に骨が折れるし，関数の評価コストによってはそもそも現実的ではない．また，求めた極小値の中には，ほかの極値よりも明らかに値が大きく，最初から考慮に値しないものも含まれている．このような極値まですべて正確に決定しようとするのは，やはり効率が悪い．

ベイズ最適化はこのような問題の対処法の1つで，特に少ない評価回数で大域的な最大値[9]を求めるのが目的で利用される．簡単のために1変数関数 $f(x)$ を考え，すでに x_1 と x_2 で $f(x)$ を評価し，その値がわかっているものとしよう．$f(x)$ が滑らかであると仮定すると，x_1 の近傍で $f(x)$ は $f(x_1)$ に近く，x_2 の近傍では $f(x_2)$ に近いことが予想される．一方，x_1 や x_2 から十分離れた点における $f(x)$ の値はまったくわからない．このような状況下では，値に見当のつく x_1 や x_2 の近くでなく，十分離れた点を次ステップ x_3 として選ぶのが得策だろう．一方，何度も関数の評価を行い，ある程度関数の形が見えてきたら，その中でもっとも大きな値が期待される点を次のステップ x_{n+1} に選びたい．このように最大化のプロセスとは，(1) できるだけ大きな値を得たいという欲求と，(2) まだ知らぬ未知の情報を得たいという欲求をバランス良く考慮しながら（あるいは，そのジレンマに悩まされながら）次のステップを決めていく作業にほかならない．

いま，最大化したい関数 $f(\boldsymbol{x})$ を適当な入力のもと，n 回評価したものと仮定しよう．n 回の入力 $\boldsymbol{x}_{[n]} = (\boldsymbol{x}_1, \cdots, \boldsymbol{x}_n)^T$ と対応する出力 $\boldsymbol{f}_{[n]} = (f(\boldsymbol{x}_1), \cdots, f(\boldsymbol{x}_n))^T (= (f_1, \cdots, f_n)^T)$ をまとめて $D_{[n]}$ とおくと，これが n ステップ目までに知り得た全情報である．次のステップを決めるには上で述べた2つの欲求を考慮する必要があるが，もしこれをうまく定量化する適当な関数 $\alpha(\boldsymbol{x}; D_{[n]})$（獲得関数 (acquisition function) と呼ばれる）を定義できれば，

$$\boldsymbol{x}_{n+1} = \mathrm{argmax}_{\boldsymbol{x}}\, \alpha(\boldsymbol{x}; D_{[n]}) \tag{11.14}$$

---

[9]ベイズ最適化の文脈では関数の最大化を扱うことが多いためこのようにした．もちろん $g(\boldsymbol{x}) = -f(\boldsymbol{x})$ を用いれば最小化問題と等しいので，本質的な差はない．また，ステップ数のインデックスを 0 からでなく，1 からとしている点にも注意されたい．

によって $\boldsymbol{x}_{n+1}$ を決めることができる。こうなると次の問題は、$\alpha(\boldsymbol{x}; D_{[n]})$ を
どう定義したらよいか、という点である。最初に考えるのは、$f(\boldsymbol{x})$ を何らか
の関数でモデル化するという方法であるが、残念ながらこれでは (1) の欲求は
満たせても、(2) を満たせそうにはない。そもそも、ある $\boldsymbol{x}$ で $f(\boldsymbol{x})$ がどの程
度未知かなど、どのように定量化したらよいのだろう？

ベイズ最適化ではこの問題を解決するため、$f(\boldsymbol{x})$ を直接モデル化するので
なく、$f(\boldsymbol{x})$ を推定するための確率モデルを構築する。モデルの基本となる
のはガウス過程[10]で、この確率過程に含まれる確率変数 $\hat{\boldsymbol{f}}_{[n]} = (\hat{f}_1, \cdots, \hat{f}_n)$
は平均 $\boldsymbol{0}_{[n]}$、共分散 $\boldsymbol{\Sigma}_{[n]}$ の n 次元正規分布に従うものとする。ここで、$\boldsymbol{0}_{[n]}$
は n 次元ゼロベクトルを表し、共分散行列 $\boldsymbol{\Sigma}_{[n]}$ はカーネル関数 $k(\boldsymbol{x}, \boldsymbol{x}') = \exp(-\frac{1}{2}\|\boldsymbol{x} - \boldsymbol{x}'\|^2)$ と手持ちの入力データ $\boldsymbol{x}_{[n]}$ を用いて $[\boldsymbol{\Sigma}_{[n]}]_{ij} = k(\boldsymbol{x}_i, \boldsymbol{x}_j)$
と定義される。このとき、対応する出力 $\boldsymbol{f}_{[n]}$ をこのガウス過程からのサンプ
リングで得られた実現値とみなすことで、任意の入力に対する出力を推定する
というのがベイズ最適化の戦略である。具体的な性質として（例題 32 の発展
問題を参照）、

1. 確率変数間の相関は $\langle \hat{f}_i \hat{f}_j \rangle = k(\boldsymbol{x}_i, \boldsymbol{x}_j)$ となる。$k(\boldsymbol{x}, \boldsymbol{x}) = 1$ かつ $\|\boldsymbol{x} - \boldsymbol{x}'\| \to \infty$ で $k(\boldsymbol{x}, \boldsymbol{x}') \to 0$ であることに注意しよう。確率変数と出力
   の間の関係を思い出すと、これは入力間の距離が近いほど出力間の相関
   も強い、すなわち $f(\boldsymbol{x})$ が $\boldsymbol{x}$ について滑らかであることを表している。

2. 条件 $\hat{\boldsymbol{f}}_{[n]} = \boldsymbol{f}_{[n]}$ が与えられたもとでの、入力 $\boldsymbol{x}$ に対する出力 $\hat{f}_{n+1}$ は通
   常の正規分布に従う、すなわち $\hat{f}_{n+1}|(\hat{\boldsymbol{f}}_{[n]} = \boldsymbol{f}_{[n]}) \sim \mathcal{N}_1(\mu_n(\boldsymbol{x}), \sigma_n^2(\boldsymbol{x}))$
   となる。ただし、正規分布の平均 $\mu_n(\boldsymbol{x})$ と分散 $\sigma_n^2(\boldsymbol{x})$ は、

$$\mu_n(\boldsymbol{x}) = \boldsymbol{k}_{[n]}^T(\boldsymbol{x}) \boldsymbol{\Sigma}_{[n]}^{-1} \boldsymbol{f}_{[n]} \tag{11.15}$$

$$\sigma_n^2(\boldsymbol{x}) = 1 - \boldsymbol{k}_{[n]}^T(\boldsymbol{x}) \boldsymbol{\Sigma}_{[n]}^{-1} \boldsymbol{k}_{[n]}(\boldsymbol{x}) \tag{11.16}$$

で与えられる $(\boldsymbol{k}_{[n]}(\boldsymbol{x}) = (k(\boldsymbol{x}, \boldsymbol{x}_1), \cdots, k(\boldsymbol{x}, \boldsymbol{x}_n))^T)$。特に、一度考慮
した入力 $\boldsymbol{x} = \boldsymbol{x}_i$ に対して $\mu_n(\boldsymbol{x}) = f_i$ かつ $\sigma_n^2(\boldsymbol{x}) = 0$ である。

---

[10]ガウス過程については 136 ページの脚注 9 を参照.

確率変数 $\hat{f}_{n+1}$ に対する条件付き確率 $P_{\hat{f}_{n+1}|(\hat{f}_{[n]}=\boldsymbol{f}_{[n]})}$ は，与えられたすべての事前情報 $D_{[n]}$ と入力 $\boldsymbol{x}$ に基づいて推定される $f(\boldsymbol{x})$ の分布であり，われわれの求めていた出力にほかならない．すなわち，入力 $\boldsymbol{x}$ に対する関数の推定値を平均 $\mu_n(\boldsymbol{x})$ として，その不確かさを分散 $\sigma_n^2(\boldsymbol{x})$ としてきちんと数値化できており，$f(\boldsymbol{x})$ の滑らかさもしっかり反映されている．あとは，これらの情報から好みの獲得関数 $\alpha(\boldsymbol{x}; D_{[n]})$ を定義すればよい．もっとも単純な例として **UCB**(Upper Confidence Bound) と呼ばれる手法では，

$$\alpha(\boldsymbol{x}; D_{[n]}) = \mu_n(\boldsymbol{x}) + \beta_n \sigma_n(\boldsymbol{x}) \tag{11.17}$$

とする（β_n は適当な定数）．この $\alpha(\boldsymbol{x}; D_{[n]})$ を最大化するということは，期待値 $\mu_n(\boldsymbol{x})$ とそこからの不確かさ $\sigma_n(\boldsymbol{x})$ の和を最大とすることであり，最初に述べた2つの欲求をパラメータ β_n でコントロールしている[11]．最後に，式 (11.14) に従って，次ステップ $\boldsymbol{x}_{n+1}$ を決めて $f_{n+1} = f(\boldsymbol{x}_{n+1})$ を計算し，今までの情報と合わせてモデルを更新すればよい．

一般的な注意

最適化問題はさまざまな用途に用いられ，かつ本質的に難しい問題である．ここで紹介した回帰やベイズ最適化は対象によらない方法（ブラックボックス最適化）であるが，問題の性質をうまく利用した効率の良い最適化手法が考案されている場合もある．最適化したい関数の評価にかかるコストや局所解の数，最適化しなければいけないパラメータの次元などの問題設定によってアルゴリズムの効率は大きく異なるので，注意して使用してほしい[12]．

Python での実装について

SciPy による最適化モジュールは `scipy.optimize` であり，1変数問題に対する `minimize_scalar` 関数や多変数問題に対する `minimize` 関数の中から適切な手法を選択することになる．`minimize_scalar` 関数のメソッドとしては黄金分割探索 (Golden) と補間により収束性を向上させたブレント法 (Brent) がよく使われる手法である．`minimize` 関数には多数のメソッドが収

---

[11] 獲得関数 $\alpha(\boldsymbol{x}; D_{[n]})$ やカーネル関数 $k(\boldsymbol{x}, \boldsymbol{x}')$ の選び方にはもちろん任意性があり，問題の規模や性質に応じて多くの提案がなされている．詳細は文献 [26] などを参照．

[12] さまざまな最適化問題や最適化手法を紹介している参考書として，文献 [25] をあげる．

録されているが，共役勾配法を用いるには CG を指定する．また，大域的最適化の手法についてもいくつか実装されており，代表的なものとしてベイズンホッピング法を basinhopping 関数で，焼きなまし法（第 9 章を参照）を dual_annealing 関数で実行できる．残念ながらベイズ最適化は SciPy 上では実装されていないが，さまざまな外部ライブラリが存在するので，それらを使用するのもよいだろう．

例題 30　レナード-ジョーンズ粒子系の構造最適化 I ────

2 粒子を考え，粒子間にはレナード-ジョーンズポテンシャル

$$U_{\mathrm{LJ}}(r) = 4\epsilon \left[\left(\frac{\sigma}{r} \right)^{12} - \left(\frac{\sigma}{r} \right)^{6} \right]$$

に基づく力 $F(r) = -dU_{\mathrm{LJ}}(r)/dr$ が働いているものとする．黄金分割探索を実装し，$U_{\mathrm{LJ}}(r)$ を最小化する条件から平衡粒子間距離 r^* を求めよ．

考え方

内容のまとめで述べたアルゴリズムをそのまま実装すればよい．解析解は $r^* = 2^{\frac{1}{6}}\sigma$ で与えらえる．

‖解答‖

特に難しいところはないだろう．例えば以下のように実装できる．

```python
def golden(func, brack, args=()):
    gamma = (-1+np.sqrt(5))/2
    a, b, = brack
    p, q = b-(b-a)*gamma, a+(b-a)*gamma
    fa, fb, = func(a, *args), func(b, *args)
    fp, fq = func(p, *args), func(q, *args)
    for i in range(100):    # 最大ステップを100回に固定
        if fp <= fq:
            q, b, fq, fb = p, q, fp, fq
            p = b-(b-a)*gamma
            fp = func(p, *args)
        else:
            a, p, fa, fp = p, q, fp, fq
            q = a+(b-a)*gamma
            fq = func(q, *args)
        if (b-a)<1e-5: break    # 閾値を1e-5に指定
    return (b+a)/2
```

```
f = lambda x, e, s: 4*e*((s/x)**12-(s/x)**6)
r = golden(f, (1e-3,100), (1,1))
print(r, np.power(2,1/6))
```

黄金分割探索は scipy.optimize.golden 関数に実装されているので，実用上
はそれを用いてもいいだろう（上の golden 関数と同じように使用できる）．

例題31　レナード-ジョーンズ粒子系の構造最適化 II

今度は 2 次元の N 粒子系を考える．平衡状態における N 粒子の位置 $\boldsymbol{x}_i^*(i=0,\cdots,N-1)$ は，この系のポテンシャルエネルギー

$$E(\{\boldsymbol{x}_i\}) = \frac{1}{2N} \sum_{i \neq j} U_{\mathrm{LJ}} \|\boldsymbol{x}_i - \boldsymbol{x}_j\|$$

を最小化する条件から求まるだろう．(1) 正方格子および三角格子を仮定して，その格子定数をパラメータとした最適化を行え．次に，(2) 最適化した格子構造にランダムな変位を加えることで適度に格子を乱し，この状態を初期構造とした局所最適化を行うことで，元の格子構造が再現されることを確認せよ（$\epsilon = \sigma = 1$, $N = 10^2$ とし，周期境界条件を仮定せよ）．

考え方

格子の生成には numpy.meshgrid 関数を用いるのがよいだろう．例えば，長さが 1 の $L \times L$ 格子を生成するには，

```python
def lattice(L):
    r1d = np.linspace(0, L, L, endpoint=False)
    x, y = np.meshgrid(r1d, r1d)
    return np.array([x.flatten(), y.flatten()])
```

などとする．U_{LJ} は長距離力であるから適当なカットオフ r_c を定め，それ以上離れた粒子間には相互作用が働かないようにするのがよいだろう．(1) の最適化はパラメータが 1 変数であるから黄金分割探索を，(2) は多変数であるから共役勾配法を用いてみよう（共役勾配法は scipy.optimize.minimize 関数で method="CG" のオプションを指定すれば使用できる）．

‖解答‖

まずは，$N = L^2$ 粒子の粒子間距離を計算する関数を以下のように定義する．

```
def dxy(x, L, avec, rcut):
    # 粒子の座標をx = n0*avec[0] + n1*avec[1]と表したとき,
    # x[:N]がN粒子のn0成分, x[N:]がn1成分に対応
    n0, n1 = x.reshape(2,L**2)
    dn0, dn1 = n0[None,:]-n0[:,None], n1[None,:]-n1[:,None]
    dn0 = np.where(abs(dn0)>0.5*L, dn0-np.sign(dn0)*L, dn0)
    dn1 = np.where(abs(dn1)>0.5*L, dn1-np.sign(dn1)*L, dn1)
    # 周期境界条件より, 短いほうの距離で計算するための補正
    dxy = avec.T@np.array([dn0.flatten(), dn1.flatten()])
    # n0, n1 => x, yに変換
    dr = np.linalg.norm(dxy, axis=0)
    dr = np.where(dr>rcut, 1e+9, dr)
    # r > rcutの粒子間相互作用が効かないように補正
    dr = dr + 1e+9*np.eye(L**2).flatten()
    # 同様に, 同一粒子(i=j)の寄与が効かないように補正
    return dxy[0], dxy[1], dr
```

これを用いて（単位粒子あたりの）エネルギーを計算する関数を

```
def energy_a(a, x, L, s, e, avec, rcut):
    dx, dy, dr = dxy(x, L, a*avec, rcut)
    u = 4*e*((s/dr)**12 - (s/dr)**6)
    return np.sum(u) / L**2 / 2
```

などとして, 1変数問題の最適化に前問で作成した golden 関数を用いること
にすれば, 例えば,

```
L, e, s, rcut = 10, 1, 1, 5
x0 = lattice(L).flatten()
avec = np.array([[2,0],[1,np.sqrt(3)]])/2
```

```
A = golden(energy_a, (0.1,10), (x0, L, s, e, avec, rcut))
print(A, energy_a(A, x0, L, s, e, avec, rcut))
```

などとして三角格子の最適な格子定数 A とエネルギーが計算できる．正方格子に
変えるには，avec=np.array([[1,0],[0,1]]) などと変更すればよい．エネ
ルギーを比較することで三角格子のほうが安定であることもわかるだろう[13]．

　次に，問題文に与えられている通り，適当なノイズを含んだ状態からの最適
化を試みよう．例えば共役勾配法を用いるには，エネルギーの 1 階微分（力）
の評価が必要であるから，これを，

```
def forces(x, a, L, s, e, avec, rcut):
    dx, dy, dr = dxy(x, L, a*avec, rcut)
    fx = -(12*dx*(s/dr)**14 - 6*dx*(s/dr)**8)/s**2
    fy = -(12*dy*(s/dr)**14 - 6*dy*(s/dr)**8)/s**2
    fx = 4*e*np.sum(fx.reshape(L**2,L**2),axis=0)/L**2
    fy = 4*e*np.sum(fy.reshape(L**2,L**2),axis=0)/L**2
    fn01 = a*avec@np.array([fx, fy])
    return fn01.flatten()
```

のように定義しよう．最適化に共役勾配法を使用するなら，

```
from scipy.optimize import minimize
# ノイズを含んだ初期状態を準備
x0 = lattice(L) + 0.5*(np.random.rand(L**2)-0.5)
# jacで1階微分を計算する関数を指定する．今回はforce関数
sol = minimize(energy_x, x0.flatten(), jac=forces, \
      args=(A, L, s, e, avec, rcut), method="CG")
```

---

[13]プログラムが煩雑になるので今回はすべての粒子について差分 $x_i - x_j$ を計算している
が，$r \gg r_{\mathrm{cut}}$ が明らかな粒子対についてもこれを計算をするのは非効率である．では，どの
ように考慮すべき粒子対を選べばよいかというと，これは一筋縄ではいかない難しい問題であ
ることが知られている．上手なアルゴリズムを考えれば計算コストを劇的に減らせるため（最
低でも $\mathcal{O}(N^2)$ から $\mathcal{O}(N)$ になる），古典分子動力学計算のパッケージなどではさまざまな
アルゴリズムが開発・実装されている．

とすればよい．ここで，energy_x 関数は上で作った energy_a 関数の第一引数と第二引数を入れ替えた関数である．うまくいっているかどうかを見るためには構造自体を可視化するのがよいであろう．例えば，

```python
x0, x1 = x0.reshape((2, L**2)), sol.x.reshape((2,L**2))
x, x0, x1 = avec.T@lattice(L), avec.T@x0, avec.T@x1
plt.scatter(x[0], x[1], s=100, c="0.8", marker="o" )
plt.scatter(x0[0], x0[1], s=10, c="blue", marker="," )
plt.scatter(x1[0], x1[1], s=20, c="red", marker="*" )
plt.show()
```

などとすれば以下のような図 11.1 が表示されるはずだ．ちなみに，method="CG" は微分値の評価関数を必要とするが，何も与えなかった場合は数値微分によってこれを評価する．一般に，数値微分にすることで収束性は悪くなるが，これも確かめてみてほしい．

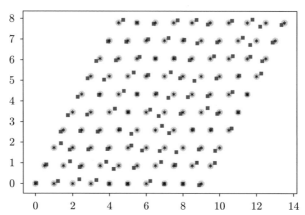

図 11.1: 構造最適化の可視化（○: 初期構造, □: 初期構造 ＋ノイズ, ＊: 最適化後の構造）

例題 32 1 変数関数のベイズ最適化

ベイズ最適化についての理解を深めるため，以下の 1 変数関数

$$f(x) = \sin(x) - 0.02(x - 2)^2$$

を最大化する x を考える．適当なステップごとに推定値 $\mu_n(\boldsymbol{x})$, 分散 $\sigma_n(\boldsymbol{x})$ および獲得関数 $\alpha(\boldsymbol{x}; D_{[n]})$ をプロットし，どのように最大化が行われているかをみてみよう．ただし，カーネル関数や獲得関数は内容のまとめで提示したものを用い，$f(x)$ の定義域を $-10 < x < 10$, $\beta_n = 10$ とせよ．

考え方

初期値 x_1 から出発して，$f(x_1)$ を評価，式 (11.15) および式 (11.16) を用いて $\mu_1(x)$ と $\sigma_1(x)$ を評価，これらを用いて式 (11.17) から $\alpha(x; D_{[1]})$ を評価，最後に式 (11.14) から次のステップ x_2 を求めるというのが基本的な流れである．最後のステップで $\alpha(x; D_{[n]})$ が最大となる x を探す必要があるが，これは $\alpha(x; D_{[n]})$ を適当なグリッド上で評価して，最大となるインデックスを取得すればよいだろう（もちろん，これは $\alpha(x; D_{[n]})$ の評価コストに比べて $f(x)$ の評価コストが圧倒的に高いことを前提としている）．

解答

まずは入力 $(\boldsymbol{x}_{[n]}, \boldsymbol{f}_{[n]})$ と $\boldsymbol{x}$ に対して $\mu_n(\boldsymbol{x})$ と $\sigma_n(\boldsymbol{x})$ を計算する関数を

```
def GPfunc(xn, fn, x_grid):
    kernel = lambda x: np.exp(-x**2/2)
    Sinv = np.linalg.inv(kernel(xn[:,None] - xn[None,:]))
    kn = kernel(xn[:,None] - x_grid[None,:])
    mu = kn.T@Sinv@fn
    sigma = 1 - np.sum(kn*(Sinv@kn),axis=0)
    return mu, sigma
```

のように定義する[14]. これを用いて以下のように最適化が実行できる.

```python
function = lambda x: np.sin(x) - 0.02*(x-2)**2
xn, fn, new_x, beta = [], [], np.random.uniform(-10,10), 5
# 初期値x0をランダムに設定した
x_grid = np.linspace(-10,10,1000)
for i in range(100):
    if new_x in xn: break
    xn.append(new_x)
    fn.append(function(new_x)) # 関数の評価
    mu, sigma = GPfunc(np.array(xn), np.array(fn), x_grid)
    acqui = mu + beta*sigma
    new_x = x_grid[np.argmax(acqui)]
    # np.argmaxでacquiが最大のインデックスを取得
    if(i%5==0): # 5ステップごとに状況を図示
        plot_GP(function, x_grid, mu, sigma, beta)
plot_GP(function, x_grid, mu, sigma, beta)
```

ただし，最適化プロセスを図示する関数 plot_GP を以下のように定義している（分散の図に plt.fill_between 関数を用いている）.

```python
def plot_GP(func, x_grid, mu, sigma, beta):
    plt.ylim(-beta,beta)
    plt.plot(x_grid, mu, c="black", ls="dashed")
    plt.plot(x_grid, function(x_grid), c="yellow")
    hb, lb = mu + beta*sigma, mu - beta*sigma
    plt.fill_between(x_grid, hb, lb, color="0.7")
    plt.scatter(xn, fn)
```

---

[14]今回は $\mathbf{\Sigma}_{[n+1]}^{-1}$ を毎回 numpy.linalg.inv 関数で計算しているため，この部分に $\mathcal{O}(n^3)$ の計算コストがかかっている. 実は，$\mathbf{\Sigma}_{[n+1]}^{-1}$ の更新に毎回逆行列を計算する必要はなく，$\mathcal{O}(n^2)$ で更新できることが知られているため，n が大きい場合はそちらを用いたほうがよい（本例題の発展問題の答えを参照）.

```
plt.show()
```

初期値によって多少変わるが，例えば，途中経過として図 11.2 のようなプロットが得られるだろう．

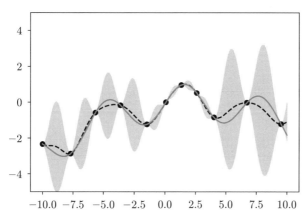

図 11.2: ベイズ最適化のプロット（11 ステップ後）．実線は関数 $f(x)$，点線は推定値 $\mu_n(x)$．灰色の領域は $\mu_n(x) \pm \beta_n \sigma_n(x)$ を表し，上端の線が $\alpha(x; D_{[n]})$ に対応する．

例題 32 の発展問題

32-1. 確率変数 $\hat{\boldsymbol{f}}_{[n]}$ が平均 $\mathbf{0}_{[n]}$，共分散 $\boldsymbol{\Sigma}_{[n]}([\boldsymbol{\Sigma}_{[n]}]_{ij} = k(\boldsymbol{x}_i, \boldsymbol{x}_j))$ の n 次元正規分布に従う，すなわち，

$$P_{\hat{\boldsymbol{f}}_{[n]}}(\boldsymbol{f}) = \frac{1}{\sqrt{(2\pi)^n \det \boldsymbol{\Sigma}_{[n]}}} \exp\left(-\frac{1}{2}\boldsymbol{f}^T \boldsymbol{\Sigma}_{[n]}^{-1} \boldsymbol{f}\right) \tag{11.18}$$

であるとき，$\langle \hat{f}_i \hat{f}_j \rangle = k(\boldsymbol{x}_i, \boldsymbol{x}_j)$ を示せ．また，$n+1$ ステップ目の入力を $\boldsymbol{x}$ としたとき，$\hat{\boldsymbol{f}}_{[n+1]} = (\hat{\boldsymbol{f}}_{[n]}^T, \hat{f}_{n+1})$ が共分散 $\boldsymbol{\Sigma}_{[n+1]}$ の $n+1$ 次元正規分布に従うことから，条件付き確率 $P_{\hat{f}_{n+1}|(\hat{\boldsymbol{f}}_{[n]}=\boldsymbol{f}_{[n]})}$ が $P_{\hat{f}_{n+1}|(\hat{\boldsymbol{f}}_{[n]}=\boldsymbol{f}_{[n]})}$ $= \mathcal{N}_1(\mu_n(\boldsymbol{x}), \sigma_n^2(\boldsymbol{x}))$ となることを示せ．ただし，共分散行列 $\boldsymbol{\Sigma}_{[n]}$ が正定値対称であることを用いてよい．

A 発展問題の答え

4 章の発展問題

6-1. $q(x)$ が $n-1$ 次の多項式であること，および $p_n(x)$ の完全性より，適当な係数 c_i を用いて $q(x) = \sum_{i=0}^{n-1} c_i p_i(x)$ と展開できるはずである．ここで直交性の定義式 (4.10) を用いると，

$$\int dx\, \omega(x)q(x)p_n(x) = \sum_{i=0}^{n-1} c_i \int dx\, \omega(x)p_i(x)p_n(x) = 0 \tag{A.1}$$

であるため，(1) が示される．

次に $r(x)$ の展開を考える．与えられた式に $x = \bar{x}_j$ を代入すると $r(\bar{x}_j) = \sum_{i=0}^{n-1} \alpha_i(\bar{x}_j)r(\bar{x}_i)$，したがって $\alpha_i(\bar{x}_j) = \delta_{ij}$ である．ここで，$p_n(x)$ が微分可能かつ $p_n(\bar{x}_j) = 0$ を満たすことを思い出すと，$\alpha_i(x)$ の候補として

$$\alpha_i(x) = \frac{p_n(x)}{(x - \bar{x}_i)p_n'(x)} \tag{A.2}$$

が考えられる．さて，式 (A.2) の $\alpha_i(x)$ から定義される $r(x)$ は，n 個の異なる点 $\bar{x}_i$ で $r(x) = r(\bar{x}_i)$ を満たす．一般に $n-1$ 次の多項式の係数は n 点の情報で一意に決まるため，結局これが (2) の答えである．

この結果とクリストッフェル-ダルブーの公式において $y = \bar{x}_i$ とした式を用いて，以下が示される．

$$\int dx\, \omega(x)r(x) = \frac{\mu_n \lambda_{n-1}}{\mu_{n-1}} \sum_{i=0}^{n-1} \sum_{j=0}^{n-1} \frac{1}{\lambda_j} \frac{p_j(\bar{x}_i)r(\bar{x}_i)}{p_{n-1}(\bar{x}_i)p_n'(\bar{x}_i)} \int dx\, \omega(x)p_j(x)$$

$$= \frac{\mu_n \lambda_{n-1}}{\mu_{n-1}} \sum_{i=0}^{n-1} \frac{r(\bar{x}_i)}{p_{n-1}(\bar{x}_i)p_n'(\bar{x}_i)} \tag{A.3}$$

最後の等式は，直交性の定義式および $p_0(x)$ が定数であることを用いた．最後に，$p_n(\bar{x}_i) = 0$ より $f(\bar{x}_i) = r(\bar{x}_i)$ であることを用いると，最初に示した等式と合わせて $S = I$ を得る．$f(x)$ が $2n-1$ 次の多項式で書けない場合の誤差の見積もりや，直交多項式の根 $\bar{x}_i$ と重み ω_i の具体的な計算方法については，例えば文献 [27] などを参照してほしい．

6 章の発展問題

11-1. 問題文に与えられているように式 (6.3) と式 (6.4) を実装する．例えば，

```python
def user_lu(A):
    L, U = np.eye(len(A)), np.zeros_like(A)
    for j in range(len(A)):
        for i in range(j+1):
            U[i,j] = A[i,j]-L[i,:j]@U[:j,j]
        L[j+1:,j] = (A[j+1:,j]-L[j+1:,:j]@U[:j,j])/U[j,j]
    return L, U
```

などでよいだろう．これを用いて，

```python
A = np.random.rand(300,300)
L, U = user_lu(A)
print(np.linalg.norm(A-L@U))
```

などとすれば，きちんと元の行列が再現されることが確認できる．行列 L と行列 U がそれぞれ単位左下三角行列と U を右上三角行列となっていることも確認してみてほしい．scipy.linalg.lu 関数を用いると，

```python
import scipy.linalg
P, L, U = scipy.linalg.lu(A)
print(np.linalg.norm(A-P@L@U))
```

などとなる．ここで，LU 分解が $A = LU$ でなく，$A = PLU$ となっ

ているが，これは本文の注釈で述べたピボット選択に伴うものである．
%%timeit などを用いて時間を計測してみてほしいが，scipy.linalg.lu
関数を用いたほうが 2 桁近く速いのが確認できると思う．

14-1. ここでは，非零要素の値と行列インデックスの情報から疎行列を定義
するやり方をとろう．まずは，与えられたサイト数 ns，ボンド bl，基
底 ind についてこれらの情報を出力する関数 Hmatrix_data を定義しよ
う．

```python
from scipy.sparse import csr_matrix, coo_matrix, linalg
def HMatrix_data(ns, bl, ind):
    data = np.empty(0)
    row, col = np.empty(0,dtype=int), np.empty(0,dtype=int)
    for bond in bl:
        bs = ind & bond
        ind1 = (bs != 0) & (bs != bond)
        ind2 = ind[ind1]
        unit = np.ones(len(ind2))
        data = np.append(data, np.append(1-2*ind1, 2*unit))
        row = np.append(row, np.append(ind, ind2^bond))
        col = np.append(col, np.append(ind, ind2))
    return data/4, row, col
```

これを用いて，例えば以下のようにして計算ができる．

```python
N = 15
bl = [3<<i for i in range(N-1)] + [2**(N-1)+1]
nsz = [bin(i).count("1") for i in np.arange(2**N)]
map_ind = np.zeros(2**N, dtype=int)
for n in np.arange(N+1):
    ind = np.where(nsz==n)[0]
    map_ind[ind] = np.arange(len(ind))
```

```
data, row, col = HMatrix_data(N, bl, ind)
row, col = map_ind[row], map_ind[col]
A_coo=coo_matrix((data,(row,col)), (len(ind),len(ind)))
A_csr=csr_matrix(A_coo)
if n==0 or n==N: eig = [A_csr[0,0]]
else: eig, vec = linalg.eigsh(A_csr, k=2, which="SA")
print(n, eig)
```

いくつかの N について計算してみればわかると思うが，この系の基底状態は常に $S_z = 0$（N が偶数）もしくは $S_z = \pm\frac{1}{2}$（N が奇数）の部分空間に属している[1]．したがって，大きな N についてはこの部分空間のみ考えることで効率良く計算することができる．単位サイトあたりの基底状態のエネルギー（例えば，上記コードの N が N/2 の場合における eig[0]/N の値）を解析解と一緒にプロットすると以下の図 A.1 が得られる．

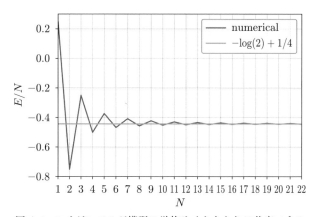

図 A.1: ハイゼンベルグ模型の単位サイトあたりの基底エネルギーの N 依存性

---

[1] 例として N が偶数の場合を考えると，考えているハミルトニアンは S^- 演算子と交換するため，エネルギー E かつ $S_z = M > 0$ の固有状態があれば，エネルギー E かつ $S_z = 0$ の固有状態が必ず存在する．したがって，$S_z = 0$ の部分空間は必ず基底状態を含んでいる．

7 章の発展問題

15-1. まず，$f(x)$ 自体を評価する関数 df と，そのヤコビアン $\nabla f(x)$ を評価する関数 jac を以下のように定義しよう．

```python
def df(x1, x2):
    f1 = np.exp(x1) + x1*x2 - 1
    f2 = np.sin(x1*x2) + x1 + x2
    return np.array([f1, f2])
def jac(x1, x2):
    f11, f22 = np.exp(x1) + x2, x1*np.cos(x1*x2) + 1
    f12, f21 = x1, x2*np.cos(x1*x2) + 1
    return np.array([[f11,f12],[f21,f22]])
```

ニュートン法，最急降下法およびパウエル混合法はどれも同じような更新規則をもつので，引数で区別する形で関数を実装しよう．まず，本文中の r^{N} と r^{SD} に対応する量を計算する関数として

```python
from numpy.linalg import norm
def r_N(df, jac, x0):
    return - np.linalg.solve(jac(*x0), df(*x0))
def r_S(df, jac, x0):
    r = -jac(*x0)@df(*x0)
    alpha = norm(r)**2/(norm(jac(*x0)@r)**2)
    return alpha*r # alphaをr_Sの定義に加えている点に注意
```

を定義する．これらを用いて，

```python
def powell(df, jac, x0, method="P", delta=1, maxitr=200):
    # method="N", "S", "P"でそれぞれの手法を選択する.
    # deltaはパウエル混合法で用いる信頼領域の半径.
    x = [x0]
```

```
    for _ in range(maxitr):
        if method=="N": x1 = x0 + r_N(df, jac, x0)
        elif method=="S": x1 = x0 + r_S(df, jac, x0)
        elif method=="P":
            rN, rS = r_N(df, jac, x0), r_S(df, jac, x0)
            if   norm(rN)<=delta: x1 = x0 + rN
            elif norm(rS)>=delta: x1 = x0 + delta*rS/norm(rS)
            else:
                a, b = norm(rN-rS)**2, np.dot(rS, rN-rS)
                c = norm(rS)**2 - delta**2
                s = (-b+np.sqrt(b**2-a*c))/a
                x1 = x0+rS+s*(rN-rS)
        if norm(x1-x0) < 1e-12: break
        x0 = x1
        x.append(x0)
    return np.array(x)
```

などとする（上の定義で $0 < s < 1$ となることに注意）．これを用いて，例えば

```
xN = powell(df, jac, np.array([-3, 2]), "N").T
print(xN[0,-1],xN[1,-1],xN.shape[1])
```

とすれば，初期値 $(x_1, x_2) = (-3, 2)$ からスタートして最終的な (x_1, x_2) の値と，収束までに必要だったステップ数が得られる．試しに初期値 $(x_1, x_2) = (-3, 2)$ について3つの手法を試してみると，どの手法も正しい解 $x_1 = x_2 = 0$ を見つけるが，ニュートン法が一番速く11回で収束し，パウエル混合法が13回，最急降下法が50回で収束することがわかるだろう．一方，$(x_1, x_2) = (-3, 6)$ から出発すると，パウエル混合法は14回，最急降下法は45回で正しい解を見つけるが，ニュートン法では解が見つからず，結果が発散してしまう．このように，計算の安定性

と収束性を併せ持つ解法として，パウエル混合法などの信頼領域法はたいへん強力である．

17-1. 数列の加速方法はいろいろあるが，ここではステファンセン (Steffensen) 法と呼ばれるものを紹介する．いま，固定点問題の式を $\Delta = f(\Delta)$ と書き，2点 $(\Delta_0, f(\Delta_0))$ および $(\Delta_1, f(\Delta_1))$ の情報がわかっているものとしよう．このとき，2点を通り線形な関数，

$$\tilde{f}(\Delta) = \frac{f(\Delta_1) - f(\Delta_0)}{\Delta_1 - \Delta_0}(\Delta - \Delta_0) + f(\Delta_0) \tag{A.4}$$

で関数 $f(\Delta)$ を近似することを考えよう．つまり，$\Delta = \tilde{f}(\Delta)$ を満たす Δ,

$$\Delta = \Delta_0 - \frac{(\Delta_1 - \Delta_0)^2}{\Delta_0 - 2\Delta_1 + \Delta_2} \tag{A.5}$$

を次の Δ（つまり Δ_3）とする．ただし，$\Delta_2 = f(\Delta_1)$, $\Delta_1 = f(\Delta_0)$ などである．これを Δ が収束するまで繰り返す方法をステファンセン法と呼ぶ．実装は逐次代入とそれほど変わらず，例えば以下のようにすればよい（$f(\Delta)$ の定義部分などは例題 17 と同様なので，省略）．

```
ans = []
for kBT in kBTs:
    beta, d0  = 1/kBT, 10.0
    for i in range(1000):
        d1 = rhs(d0, vn0, ome, beta)
        d2 = rhs(d1, vn0, ome, beta)
        nd = d0 - (d1-d0)**2/(d0-2*d1+d2)
        if abs(nd-d0) < 1e-5: break
        d0 = nd
    ans.append([d0, abs(nd-d0), 2*i])
ans = np.array(ans)
```

単純な逐次代入の場合と収束に必要な反復回数を比較してみてほしいが，特に転移点近傍で劇的に改善されることがわかるだろう．

8 章の発展問題

18-1. 前進・中心・後退差分の式にそれぞれ $u(x,t) = \sum_k u_k(t)e^{ikx}$ を適用して整理すると（$v = 1$ とする），

$$\text{(前進)} \quad \frac{u_k(t_{n+1})}{u_k(t_n)} = 1 - 2i\frac{\Delta t}{\Delta x}\sin\left(\frac{k\Delta x}{2}\right)e^{i\frac{k\Delta x}{2}} \tag{A.6}$$

$$\text{(中心)} \quad \frac{u_k(t_{n+1})}{u_k(t_n)} = 1 - i\frac{\Delta t}{\Delta x}\sin\left(k\Delta x\right) \tag{A.7}$$

$$\text{(後退)} \quad \frac{u_k(t_{n+1})}{u_k(t_n)} = 1 - 2i\frac{\Delta t}{\Delta x}\sin\left(\frac{k\Delta x}{2}\right)e^{-i\frac{k\Delta x}{2}} \tag{A.8}$$

が得られる．ここから，前進差分および中心差分では $k = 0$ の場合を除き，常に $|u_k(t_{n+1})/u_k(t_n)| > 1$ となり，計算が不安定となることがわかる．一方，後退差分は $\Delta t/\Delta x \le 1$ であれば k によらず $|u_k(t_{n+1})/u_k(t_n)| \le 1$，$\Delta t/\Delta x > 1$ であれば $|u_k(t_{n+1})/u_k(t_n)| \ge 1$ となることがわかる．したがって，$\Delta t/\Delta x \le 1$ が満たされている限り，計算結果は有界に保たれる．また，前進（中心）差分で不安定性が最大値となる k は $k = \pi/\Delta x(\pi/2\Delta x)$ であるが，$\Delta t/\Delta x \to 0$ の極限で $|u_k(t_{n+1})/u_k(t_n)| - 1 \propto \Delta t/\Delta x((\Delta t/\Delta x)^2)$ となる．$\Delta t/\Delta x \ll 1$ で中心差分がそれなりにうまくいっているように見えるのは，この差により前進差分より不安定性が小さいためである．

20-1. 拡散方程式右辺の空間微分を例題 20 のシフト関数と同じようなやり方で定義しよう．すなわち，2 次元方向を行列表示で表し，行と列それぞれに 2 階微分演算子を作用させる．計算する 2 次元領域を $0 \le x < 1$, $0 \le y < 1$ とし，簡単のため周期境界条件を課すことにすると，

```python
from scipy.sparse import csr_matrix
# パラメータの定義(拡散係数と1次元方向の分割数)
D, nx = 1, 20
# 初期状態(2次元平面の中心にピークをもつデルタ関数)の設定
x0 = np.zeros((nx,nx))
x0[nx//2,nx//2] = nx*nx
x0 = x0.flatten()
```

```
# 2階微分演算子の定義
d2 = np.eye(nx,k=1) + np.eye(nx,k=-1) - 2*np.eye(nx)
d2[0,nx-1], d2[nx-1,0] = 1, 1        # 周期境界条件に対応
d2_csr = nx**2 * csr_matrix(d2)      # dx = 1/nx
Lap = lambda x, d2: d2*x + x*d2
def diffusion(t, x, nx, d2, D):
    return D * Lap(x.reshape(nx,nx), d2).flatten()
```

などとする．あとは時間発展を solve_ivp 関数などで解けばよい．

```
from scipy.integrate import solve_ivp
t = np.linspace(0,0.1,5)
sol = solve_ivp(fun=diffusion, t_span=(t[0], t[-1]), y0=x0, \
                t_eval=t, args=(nx, d2_csr, D))
for i in range(len(t)):
    y = (sol.y.T[i]).reshape(nx,nx)
    plt.imshow(y, vmin=0, vmax=2)
    plt.colorbar()
    plt.show()
```

などとして結果をプロットすることができる．カーン–ヒリアード方程式
に関しては，関数 diffusion を以下の関数，

```
def CahnHilliard(t, x, nx, d2, gam, D):
    y = x.reshape(nx,nx)
    return D * Lap(y**3-y-gam*Lap(y, d2), d2).flatten()
```

に置き換えてやるだけで問題ない．初期条件として一様状態 $\rho(x,0) = 0$
に少しランダムネスを加えたものを仮定すると，

```
x0 = np.zeros((nx,nx)) + 0.01*(np.random.rand(nx,nx)-0.5)
x0 = x0.flatten()
t = np.linspace(0,1,20)
sol = solve_ivp(fun=CahnHilliard, t_span=(t[0],1), y0=x0, \
    method="RK45", t_eval=t, args=(nx, d2_csr, 0.001, D))
```

などとすれば同様に解くことができる．$\rho(x) = 0$ の一様状態から，$\rho(x)$ $= 1$ および $\rho(x) = -1$ の二相へ分離が起こる様子が確認できるだろう．また，カーン-ヒリアード方程式は非線形で数値的な不安定性の強い方程式であることが知られている．sol.success を確認して計算が正常に終了しているかどうかチェックするのを忘れないようにしよう．

21-1. さて，例題で求めた固有値を改善させるため，狙い撃ち法を実装する．これまで同様，2 階の微分方程式は 2 つの 1 階微分方程式

$$P'_{nl}(r) = Q_{nl}(r) \tag{A.9}$$

$$Q'_{nl}(r) = 2\left(-\frac{Z}{r} - E_{nl} + \frac{l(l+1)}{2r^2}\right)P_{nl}(r) \tag{A.10}$$

に直し，問題に与えられているように順方向からの積分と逆方向からの積分を $r_c = -Z/E_{nl}$ で接合しよう．今回は，常微分方程式の解法に solve_ivp 関数の RK45 メソッドを，根の探索問題には root_scalar 関数の bisect メソッドを使用する．

まずは，solve_ivp 関数に渡す微分方程式右辺の関数を定義する．

```
from scipy.optimize import root_scalar
from scipy.integrate import solve_ivp, simps
ptol = 1e-9
rmin = lambda l: ptol**(1/(l+1))
rmax = lambda E: -np.log(ptol)/np.sqrt(-2*E)
rc = lambda E, Z: -Z/E
def RS(x, y, E, l, Z):
    P, Q = y[0], y[1]
```

```
    p = -Z/x - E + 0.5*l*(l+1)/x**2
    return Q, 2*p*P
```

ここで, $r_{\min}$ や $r_{\max}$ は $P_{nl}(r)$ の漸近形 r^{l+1} や $\exp(-\sqrt{-2E_{nl}}r)$ が適当な閾値（今回は 10^{-9}）になる距離で定めることにした. 次に順方向および逆方向から微分方程式を解き, その対数微分の差を計算する関数を定義する.

```
def Connection(E, l, Z):
    x0 = [ptol, (l+1)*rmin(l)**l]
    so = solve_ivp(RS, (rmin(l), rc(E,Z)), x0, "RK45", \
        [rc(E,Z)], args=(E, l, Z), rtol=1e-10, atol=1e-10)
    x0 = [ptol, -np.sqrt(-2*E)*ptol]
    si = solve_ivp(RS, (rmax(E), rc(E,Z)), x0, "RK45", \
        [rc(E,Z)], args=(E, l, Z), rtol=1e-10, atol=1e-10)
    nume = so.y[1,-1]/so.y[0,-1] - si.y[1,-1]/si.y[0,-1]
    deno = so.y[1,-1]/so.y[0,-1] + si.y[1,-1]/si.y[0,-1]
    return nume / deno
```

ここで, 与えられた境界条件を満たす初期条件として

$$(P_{nl}(r_{\min}), Q_{nl}(r_{\min})) \propto (r_{\min}^{l+1}, (l+1)r_{\min}^{l}) \tag{A.11}$$

$$(P_{nl}(r_{\max}), Q_{nl}(r_{\max})) \propto (e^{-\sqrt{-2E_{nl}}r_{\max}}, -\sqrt{-2E_{nl}}e^{-\sqrt{-2E_{nl}}r_{\max}}) \tag{A.12}$$

を採用した. あとは, Connection 関数に対する根の探索問題を解くだけである. bisect メソッドは解の存在領域を与える必要があるため, これを行列解法で解いた固有値の配列 eig から決めることにする. 例えば, 2番目の固有値を計算するには,

```
n = 1
x0 = eig[n]-(eig[n]-eig[n-1]) * 0.2
x1 = eig[n]+(eig[n+1]-eig[n]) * 0.2
```

```
sol = root_scalar(Connection, bracket=(x0, x1), \
    method="bisect", args=(l, Z), rtol=1e-9)
print(sol.root)
```

などとすればよい．得られた固有値を用いてもう一度微分方程式を解くことで，精度の良い固有ベクトルを計算することができる．

さて，今回のようにポテンシャルが $r = 0$ で特異的となっている場合，適当な変数変換を施すことでより精度をあげられる場合がある．例えば，$r = e^x$ により微分変数を $r \to x$ に変換すると，解くべき微分方程式は，

$$P'_{nl}(x) = Q_{nl}(x) \tag{A.13}$$

$$Q'_{nl}(x) = 2\left(-e^x Z - e^{2x} E_{nl} + \frac{l(l+1)}{2}\right)P_{nl}(x) + Q_{nl}(x) \tag{A.14}$$

となり，$1/r$ の特異性が消去できる．RS 関数や rmax 関数などの書き換えで簡単に変換できるので，興味のある読者は試してみてほしい．

11 章の発展問題

32-1. $\Sigma_{[n]}$ が正定値対称行列であるから，その逆行列 $\Sigma_{[n]}^{-1}$ も正定値対称である．したがって，適当な直交行列 O を用いて $O^T\Sigma_{[n]}^{-1}O = \mathbf{D}$ と対角化され，$[\mathbf{D}]_{ii} > 0$ および $\det\Sigma_{[n]}^{-1} = \prod_i[\mathbf{D}]_{ii}$ である．これらを用いて $\boldsymbol{f} \to \boldsymbol{f}' + \Sigma_{[n]}\boldsymbol{\xi}$ および $\boldsymbol{f}' \to O\boldsymbol{f}''$ と変数変換し，$\boldsymbol{f}''$ に関するガウス積分の公式を用いることで，

$$g(\boldsymbol{\xi}) := \int d\boldsymbol{f}\,\frac{1}{\sqrt{(2\pi)^n \det\Sigma_{[n]}}}e^{-\frac{1}{2}\boldsymbol{f}^T\Sigma_{[n]}^{-1}\boldsymbol{f}+\boldsymbol{f}\cdot\boldsymbol{\xi}} = e^{\frac{1}{2}\boldsymbol{\xi}^T\Sigma\boldsymbol{\xi}} \tag{A.15}$$

が示される．これを用いて $\langle \hat{f}_i\hat{f}_j\rangle$ を書き表すと，

$$\langle \hat{f}_i\hat{f}_j\rangle = \int d\boldsymbol{f}\,\frac{f_if_j}{\sqrt{(2\pi)^n \det\Sigma_{[n]}}}e^{-\frac{1}{2}\boldsymbol{f}^T\Sigma_{[n]}^{-1}\boldsymbol{f}} = \left.\frac{\partial^2 g(\boldsymbol{\xi})}{\partial\xi_i\partial\xi_j}\right|_{\boldsymbol{\xi}=\mathbf{0}} = [\Sigma_{[n]}]_{ij} \tag{A.16}$$

よって，$\langle \hat{f}_i\hat{f}_j\rangle = k(\boldsymbol{x}_i, \boldsymbol{x}_j)$ となる．

条件付き確率 $P_{\hat{f}_{n+1}|(\hat{\boldsymbol{f}}_{[n]}=\boldsymbol{f}_{[n]})}$ であるが，これは $\hat{\boldsymbol{f}}_{[n+1]} \sim \mathcal{N}_{n+1}(\mathbf{0}_{[n]}, \Sigma_{[n+1]})$ において，$\hat{\boldsymbol{f}}_{[n]} = \boldsymbol{f}_{[n]}$ の条件下で $\hat{f}_{n+1}$ の従う確率分

布である．ここで，共分散行列の定義 $[\mathbf{\Sigma}_{[n+1]}]_{ij} = k(\boldsymbol{x}_i, \boldsymbol{x}_j)$ より $\mathbf{\Sigma}_{[n+1]}$ は以下のように書ける．

$$
\mathbf{\Sigma}_{[n+1]} = \begin{pmatrix} \mathbf{\Sigma}_{[n]} & \boldsymbol{k}_{[n]}^T(\boldsymbol{x}) \\ \boldsymbol{k}_{[n]}(\boldsymbol{x}) & 1 \end{pmatrix} \tag{A.17}
$$

一方，$\hat{\boldsymbol{f}}_{[n]} = \boldsymbol{f}_{[n]}$ である確率は $P_{\hat{\boldsymbol{f}}_{[n]}}(\boldsymbol{f}_{[n]}) = ((2\pi)^n \det \mathbf{\Sigma}_{[n]})^{-\frac{1}{2}} e^{-\frac{1}{2} \boldsymbol{f}_{[n]}^T \Sigma_{[n]}^{-1} \boldsymbol{f}_{[n]}}$ であり，条件付き確率の定義より $P_{\hat{f}_{n+1}|(\hat{\boldsymbol{f}}_{[n]} = \boldsymbol{f}_{[n]})} P(\hat{\boldsymbol{f}}_{[n]} = \boldsymbol{f}_{[n]}) = P(\hat{\boldsymbol{f}}_{[n+1]} = \boldsymbol{f}_{[n+1]})$ であるから，結局，

$$
P_{\hat{f}_{n+1}|(\hat{\boldsymbol{f}}_{[n]} = \boldsymbol{f}_{[n]})} \propto \exp\left(-\frac{1}{2}\left[\begin{pmatrix} \boldsymbol{f}_{[n]}^T & \hat{f}_{n+1} \end{pmatrix} \mathbf{\Sigma}_{[n+1]}^{-1} \begin{pmatrix} \boldsymbol{f}_{[n]} \\ \hat{f}_{n+1} \end{pmatrix} - \boldsymbol{f}_{[n]}^T \mathbf{\Sigma}_{[n]}^{-1} \boldsymbol{f}_{[n]}\right]\right) \tag{A.18}
$$

を得る．最後に，行列 A およびシューア補行列 $S = D - CA^{-1}B$ が正則であるときに成り立つブロック行列の逆行列公式，

$$
\begin{pmatrix} A & B \\ C & D \end{pmatrix}^{-1} = \begin{pmatrix} A^{-1} + A^{-1}BS^{-1}CA^{-1} & -A^{-1}BS^{-1} \\ -S^{-1}CA^{-1} & S^{-1} \end{pmatrix} \tag{A.19}
$$

を用いて $\mathbf{\Sigma}_{[n+1]}^{-1}$ を計算する．すなわち，

$$
\mathbf{\Sigma}_{[n+1]}^{-1}
$$
$$
= \frac{1}{\sigma_n^2(\boldsymbol{x})} \begin{pmatrix} \sigma_n^2(\boldsymbol{x})\mathbf{\Sigma}_{[n]}^{-1} + (\mathbf{\Sigma}_{[n]}^{-1}\boldsymbol{k}_{[n]}(\boldsymbol{x})) \otimes (\mathbf{\Sigma}_{[n]}^{-1}\boldsymbol{k}_{[n]}(\boldsymbol{x})) & -(\mathbf{\Sigma}_{[n]}^{-1}\boldsymbol{k}_{[n]}(\boldsymbol{x}))^T \\ -\mathbf{\Sigma}_{[n]}^{-1}\boldsymbol{k}_{[n]}(\boldsymbol{x}) & 1 \end{pmatrix} \tag{A.20}
$$

として，式 (A.18) の $\mathbf{\Sigma}_{[n+1]}^{-1}$ を展開することで $P_{\hat{f}_{n+1}|(\hat{\boldsymbol{f}}_{[n]} = \boldsymbol{f}_{[n]})} = \mathcal{N}_1(\mu_n(\boldsymbol{x}), \sigma_n^2(\boldsymbol{x}))$ が示される．また，$\mathbf{\Sigma}_{[n]}^{-1}$ がすでに与えられているとき，右辺の評価に必要なのは行列ベクトル積とベクトル同士の直積だけであり，$\mathcal{O}(n^2)$ の計算コストですむことがわかる．これを用いれば，$\mathbf{\Sigma}_{[n+1]}^{-1}$ の評価に毎回逆行列を計算しなくてよい（162 ページの脚注 14 を参照）．

B 便利なNumPy・SciPy関数

ここでは，本書で取り上げた，あるいは取り上げていないが便利な NumPy と SciPy の関数を，著者の主観に基づきまとめてみた．バージョンによって仕様が変わっている可能性もあるので，詳細は Web 上のドキュメントや help 関数などを使って確認してほしい．また，以下で紹介する NumPy 関数は，対応する ndarray メソッドが定義されているものも多い．使用したい関数に対応するメソッドがあるかは，ホームページを確認してほしい．なお，以下の説明ではデフォルト値の設定されている引数を適宜省略している点にも注意されたい．

《 NumPy 関数 》

まず最初に，numpy.ndarray クラスの初期化関数であるが，

```
x = np.zeros(shape=(2,3), dtype = float)
 # 要素がすべて0の配列．shapeで形状を，dtypeでデータ型を指定する
 # ちなみに，配列の形状を取得するには，np.shapeを用いる
y = np.zeros_like(a=x)
 # xと同じ形状，データ型で要素がすべて0の配列
```

などが基本となる．同じようなフォーマットの関数として，np.ones および np.empty があり，np.ones は要素がすべて 1 の配列，empty は要素の値を定めない空の配列を作る．また，np.full(shape, fill_value, dtype) で要素がすべて fill_value の配列を作ることもできる（fill_value には値だけ

でなく，ndarray も指定できる）．対応して，np.ones_like, np.empty_like, np.full_like などが np.zeros_like と同様に利用できる．

等差数列や等比数列を生成する関数も便利である．例として，

```
a = np.arange(start=0, stop=10, step=2, dtype=int)
  # 始点，終点，分割幅で指定された等差数列．終点は含まない．
  # 引数を1つ(n)だけ指定すると，0,1,...,n-1の連番となる
a = np.linspace(start=0, stop=10, num=51, endpoint=True)
  # 始点，終点，分割数で指定された等差数列．
  # 終点をデフォルトで含むが，endpointで指定可能．
  # retstep=Trueとすると，差分も同時出力される
```

linspace の等比数列版として，np.geomspace(start, stop, num, endpoint) と np.logspace(start, stop, num, endpoint, base) がある．デフォルト設定では，np.geomspace は $\text{start} \times c^{\text{num}-1} = \text{stop}$ なる c を用いて，$\text{start} \times (c^0, \cdots, c^{\text{num}-1})$ を，np.logspace は $h = (\text{start} - \text{stop})/(\text{num} - 1)$ を用いて，$(\text{base}^{\text{start}}, \text{base}^{\text{start}+h}, \cdots, \text{base}^{\text{stop}})$ を返す．

2次元配列 (行列) に特化した初期化関数も便利なものが多く，例えば，

```
a = np.eye(N=10, M=None, k=0, dtype=float)
  # N次元の単位行列を返す．Mを指定すると列の数を変更できる
  # kでオフセットを指定できる(k>0で上三角，k<0で下三角側へシフト)
a = np.diag(v=np.arange(10), k=1)
  # ベクトルvを対角要素とする対角行列を生成(オフセットも指定可能)
```

このほか，np.identity は np.eye と同じ動作をもつ．

次に，配列の形状を変えたり，結合したりする関数をみてみよう．

```
x, y = np.array([1, 4, 2, 2]), np.array([5, 6, 7, 8])
a = np.append(arr=x, values=y, axis=None)  # 2つの配列の結合
  # 多次元配列をインプットとするときは，結合軸をaxisで指定する
```

```
a = np.reshape(a=x, newshape=(2, 2))   # 配列の形状を任意に変換
   # np.resizeを用いると配列のサイズの変更も許される
a = np.ravel(x)   # 多次元配列を1次元配列に変換
                  # 対応するndarrayメソッドはflatten()
```

配列の結合には np.append のほか np.concatenate((a1,a2,...), axis=0) を用いることもできる．2 次元や 3 次元配列については，結合軸が指定されている np.hstack や np.vstack，np.dstack などもある．同様にいくつかの部分行列から行列を定義する際には，np.block を用いることもできる．また，多次元メッシュ構造を生成する手法として，以下をあげよう．

```
a, b = np.meshgrid(np.arange(5), np.arange(3), indexing="ij")
   # d個の1次元配列からd次元メッシュを生成
   # indexing="ij"と"xy"で行列/デカルトインデックスを変更可能
   # 以下は上の定義と等価
a, b = np.mgrid[0:5,0:3]
```

多次元プロットをする際やメッシュ上での計算によく用いられる．
　このほか，ndarray の操作や加工を行う関数として，以下をあげておこう．

```
a = np.flip(m=x, axis=None)
   # 配列を(全次元で)逆順にする．多次元の場合はaxisを指定可能
a = np.split(ary=x, indices_or_sections=2, axis=0)
   # 配列を分割する．indices_or_sectionsをintで指定すると等間隔,
   # 配列にすると，区切りを入れるインデックスの指定と解釈される
   # np.array_splitだと，int指定値で割り切れない場合も分割される
a = np.unique(ar=x, axis=None)
   # arから重複要素を削除した配列を取得（axis指定で多次元も可能）
   # return_index, return_reverse, return_count=Trueでそれぞれ
   # arからaを作る，arからarに戻すインデックス，重複数を同時取得
a = np.roll(a=x, shift=2, axis=None)
```

```
    # 配列aをshift分巡回させる. 多次元の場合もaxisを指定できる.
a = np.sort(a=x, axis=-1, kind=None)
    # 配列aをソートする. axisで軸を, kindでアルゴリズムを指定できる
z = np.array([x,y])
a = np.transpose(a=z, axes=(1,0))
    # 配列zの軸を自由に入れ替える. 多次元でも同様.
    # 2次元であればndarrayメソッドの.Tが便利
a = np.trace(a=z, offset=0, axis1=0, axis2=1)
    # 行列のトレースを計算. N x M行列の場合は小さい方の次元までの和
    # offsetやトレースをとるaxis(1,2)を指定可能
a = np.diagonal(a=z, offset=0, axis1=0, axis2=1)
    # 対角成分を抜き出し, 配列として取得. offsetなどはtraceと同様
    # np.diagも2次元配列に対しては対角成分の配列を返す
```

インデックス取得に関する関数も豊富に用意されている. よく使うのは

```
a = np.nonzero(a=x<3)
    # nonzero要素を取得. 上のように条件文と組み合わせることが多い.
a = np.where(x==2, 9, 0)
    # 条件式(x==2)を満たす要素を9, ほかを0で置き換える
    # 条件式を満たすxの要素のみ置き換えたければ, 第三引数をxとする
a = np.argmin(a=x, axis=None)
    # 配列aの最小値のインデックスを取得. np.argmaxも同様
    # 最小値や最大値そのものを取得するにはnp.amin, np.amaxを用いる
```

などだろうか. ndarray クラスは, ファンシーインデクシングと呼ばれるさまざまなインデックス指定に対応しており, スライスや整数型配列を用いて, 例えば以下のような操作ができる.

```
x = np.reshape(np.arange(25), (5,5))
a = x[0, :]        # 2次元配列xの0行目を取得. x[:, 0]だと0列目
a = x[1:4, 2:3] # xの1,2,3行, 2,3列で構成される3x2行列を取得
a = x[[0,2]]       # xの0,2行で構成される2x5行列を取得
a = x[(0,2)]       # タプルだと普通に(0,2)要素を取得する
a = x[[0,1,2],[2,3,2]] # 2次元配列から1次元配列を取得
  # この例だと(0,2),(1,3),(2,2)要素を並べた1次元配列が取得できる
a = x[x<5] # 比較演算子を用いたインデックス指定.
  # この例だと要素が5未満のインデックスを取得し, 指定に用いている
a = x[np.ix_([0, 1], [1, 2, 4])] # np.ix_によるインデックス指定.
  # この例だと配列xの0,1行, 1,2,4列の2x3行列を取得する
```

最後に, 演算に関する便利な関数や操作をあげよう.

```
x, y = np.linspace(0,1,3), np.geomspace(1,10,3)
a = np.sum(a=x, axis=0) # aの和を取得. axis指定も可能.
  # 同様の関数に, 積:prod, 平均:average, 分散:varなどがある
a = np.cumsum(a=x, axis=0) # aの累積和配列を取得
a = np.diff(a=x, n=1)      # 差分配列を取得
  # n=1でa[i]=x[i+1]-x[i], n=2でa[i]=x[i+2]-2x[i+1]+x[i]など
a = np.around(a=x, decimals=2) # 要素ごとdecimals桁で四捨五入
  # 整数に丸める場合, 丸め方に応じてfloor, ceil, trancなどがある
a = 2.0*x              # すべての要素に係数をかける.
  # 剰余x%cや商x//cも要素ごとに計算される (x=x%c+c*(x//c))
a = x*y                # 要素ごとの積
a = x**3               # 要素ごとのべき乗
a = np.sin(x)          # 要素ごとのsin関数の計算
  # cos, tan, sinh, cosh, tanh, exp, logなども同様に使用できる
  # 逆三角関数はarccos, arcsin, arctanなど.
  # arctan2(y,x)はx, yに対応する角度を[-pi,pi)で返す
```

```
a = np.dot(x,y)        # ベクトルの内積
a = np.cross(x, y)     # ベクトルの外積 (最終軸の次元は2か3)
a = x + 1j*y           # 要素ごとの和. 複素数のndarrayに対して,
  # np.conj(a), np.real(a), np.imag(a), np.abs(a) などが可能
a = x[:,None] + y[None,:]
  # a_ij=x_i + y_j を要素とする2次元配列を取得する
a = np.outer(x, y)
  # a_ij=x_i * y_j を要素とする2次元配列を取得する
a = 2 + x
  # スカラー量との演算は2 => 2*np.ones(a.shape) と解釈される
```

テンソル的な演算にはさまざまな関数が用意されているが,面倒であれば,やはり np.einsum を用いるのがいいだろう.使い方は第3章を参照してほしい.

また,NumPy にも SciPy 同様に,いくつかのサブモジュールが存在する.特によく使うのは,乱数を扱う np.random,線形代数演算を扱う np.linalg,フーリエ変換を扱う np.fft などであろう.詳細はホームページ[1]を参照してもらうことにして,ここでは,基本的な例のみいくつか紹介しよう.

```
# numpy.randomモジュールの使用例
a = np.random.rand(2, 3)
  # [0,1)の一様乱数配列 (この例だと2x3) を生成.
  # randnとすると標準正規分布に従う乱数配列を生成
a = np.random.randint(low=1, high=5, size=(2,3))
  # [low,high]間の一様整数乱数の配列 (形状はsizeで指定) を生成
a = np.random.normal(loc=1, scale=2, size=(2,3))
  # 平均loc, 標準偏差scaleの正規分布に従う乱数を生成
  # 分布に応じてbinomial, beta, gamma, chisquareなども利用可能

# numpy.linalgモジュールの使用例
```

---

[1]https://numpy.org/doc/stable/reference/random/index.html
https://numpy.org/doc/stable/reference/routines.linalg.html
https://numpy.org/doc/stable/reference/routines.fft.html

```
x = np.linspace(0,3,4).reshape(2,2)
a = np.linalg.inv(x) # 逆行列の計算
a = np.linalg.det(x) # 行列式の計算
a = np.linalg.solve(a=x, b=np.ones(2)) # Ay=bの解yを求める
a, b = np.linalg.eig(x)  # 固有値，固有ベクトルをタプルで取得
 # 実対称・エルミート行列の場合はeighを用いる
 # 固有値だけを取得したい場合はeigvals, eigvalshなどを用いる
x = np.linspace(0,10,40).reshape(10,2,2)
a, b = np.linalg.eig(x)
 # 複数の行列の対角化をしたい場合は，多次元配列として渡す
 # linalg.solveで複数のベクトルbを扱いたい場合も同様

# numpy.fftモジュールの使用例
x = np.exp(2j*np.pi*np.arange(0,10)/10)
a = np.fft.fft(a=x, axis=0) # 配列aのフーリエ変換を計算
b = np.fft.ifft(a=a, axis=0) # 配列aの逆フーリエ変換を計算
 # 多次元のフーリエ変換を行うにはfftn, ifftnを用いる
```

ちなみに，linalg や fft モジュールは SciPy にも存在する．重なる機能が多いが，SciPy にしか実装されていない関数などもあるので注意してほしい（例えば，行列 A に対して e^A を計算する scipy.linalg.expm 関数など）．

また，実際の数値計算では，データの解析やバックアップ用に配列データをそのまま入出力したい場合も多いだろう．このような場合には，savetxt(テキスト形式, 一配列), savez(テキスト形式, 複数配列), save(バイナリ形式, 一配列), savez_compressed(バイナリ形式, 複数配列) 関数を出力に，loadtxt (テキスト形式), load(バイナリ形式) 関数を入力に用いることができる．

《 SciPy 関数 》

SciPy は NumPy よりも目的に特化した関数が多いので，使用頻度に優劣をつけるのは難しい．ここでは，本書で頻繁に用いた integrate, sparse, optimize モジュール内の関数についてのみ，簡単に使用方法をまとめる．

scipy.integrate

scipy.integrate は数値積分と微分方程式を扱うモジュールである[2]. 本書では, 数値積分に関してはガウス求積法に基づく quad 関数と合成シンプソン則に基づく simps 関数を, 微分方程式に関しては初期値問題を取り扱う solve_ivp 関数を使用している.

```python
from scipy.integrate import quad, simps, solve_ivp
f = lambda x, a : np.sin(a*x)
sol = quad(func=f, a=0, b=np.pi, args=(1,), full_output=0)
  # 関数funcをaからbまで積分する. funcへの引数をargsで指定
  # 戻り値は(値,誤差)のタプル
  # full_output=1とすると計算の詳細に関する情報が加わる
  # epsabsとepsrelで絶対・相対許容誤差をそれぞれ指定できる
print(sol[0], sol[1])
>> 2.0, 2.220446049250313e-14


x = np.linspace(0, np.pi, 100)
sol = simps(y=f(x, 1), x=x, dx=1.0, axis=-1)
  # 配列yを積分する. 評価点xは配列として与えるか, dxを指定する
  # dxはx=Noneのとき(xを指定しない場合)のみ有効
  # 多次元配列については積分軸をaxisで指定できる
print(sol)
>> 1.9999999690165366


f = lambda t, y, a : [y[1], -a*y[0]]
t = np.linspace(0, 2*np.pi, 3)
sol = solve_ivp(fun=f, t_span=(t[0],t[-1]), y0=[0,1],\
  method="RK45", t_eval=t, args=(1,), rtol=1e-10, atol=1e-10)
  # dy/dt=f(t,y)の形の微分方程式を初期値y(t0)=y0のもとで解く
  # t_spanで積分範囲, y0で初期ベクトル, methodでアルゴリズム,
```

[2]https://docs.scipy.org/doc/scipy/reference/reference/integrate.html

```
 # t_evalで結果を出力する時刻, argsでfunに渡す引数を指定
 # atol, rtolで絶対・相対許容誤差をそれぞれ指定できる
print(sol.y, sol.success)
 # t_evalで評価されたyはsol.yに格納されている
 # sol.sucessで計算がきちんと収束したか確認できる
>> [[ 0.00000000e+00 -1.90147577e-11  1.90225561e-11]
>> [ 1.00000000e+00 -1.00000000e+00  1.00000000e+00]] True
```

solve_ivp 関数にはさまざまなアルゴリズムが実装されていて，対応して指定できるオプションも異なっている（上の例では $y''(x) = -ay(x)$ を 1 階連立微分方程式の形に直し，RK45（ルンゲ–クッタ法）を用いて解いている）．詳細は Web ドキュメント[3]を参照してほしい．

scipy.sparse

scipy.sparse は疎行列を扱うモジュール[4]．sparse や sparse.linalg に実装されている関数は numpy や numpy.linalg の関数と使用感が似ているものが多いので，扱いには困らないだろう．初期化に関しては，

```
import scipy.sparse as sp
# ndarrayからcsr形式の疎行列を生成する
A = np.random.rand(1000,1000)
A[A>1/100] = 0
A_sp = sp.csr_matrix(A)


# 非零要素の値, 行列インデックスからcsr形式の疎行列を生成する
data = [1., 2., 3., 4., 5., 10.]
row = [0, 0, 1, 2, 2, 2]
col = [2, 3, 3, 2, 4, 4]
A_sp = sp.coo_matrix((data, (row, col)), shape=(5, 5))
```

---

[3]https://docs.scipy.org/doc/scipy/reference/generated/scipy.integrate.solve_ivp.html

[4]https://docs.scipy.org/doc/scipy/reference/sparse.html

```
    # 重複要素は足し合わされる(上の例だと2行4列目の要素)
A_sp = sp.csr_matrix(A_sp) # A_sp.tocsr()でも同じ

# 対角的な疎行列に関しては，以下のような生成方法がある
B_sp = sp.eye(2, k=1, dtype=float)
C_sp = sp.diags([np.arange(3), np.arange(2)], offsets=[0,1])
    # 複数の1次元配列から対角的な行列を生成
D_sp = sp.block_diag((B_sp, C_sp))
    # 複数の疎行列をブロックとする対角行列を生成
    # eye, diagsの戻り値はdia形式, block_diagの戻り値はcoo形式
D_sp = D_sp.tocsr()
```

などが代表的な方法であろう．疎行列を用いた基本的な演算や操作としては

```
X_sp = A_sp * D_sp          # 疎行列-疎行列積
X_sp = A_sp.multiply(D_sp)  # 疎行列同士の要素積
X_sp = A_sp + D_sp          # 疎行列同士の和
x = A_sp*np.linspace(0,1,5) # 疎行列-密ベクトル積
X_sp = A_sp.sin()           # 要素ごとにsinを計算
    # このほか, arcsin, sqrt, power, conj, argmin, minなどさまざまな
    # メソッドを同様の形式で使用することができる
X_sp[0,2]=0                 # 0,2要素を0とする.
    # このような直接的な要素の変更はlil形式で行うほうが望ましい
X_sp.eliminate_zeros()      # 零要素を取り除いて置き換え
data = X_sp.data            # 非零要素の値配列を取得
row, col = X_sp.nonzero()   # 非零要素の行列インデックスを取得
X = X_sp.toarray()          # ndarrayクラスに変換
```

などがある．注意点として，格納形式によって実装が大きく異なるためか，
sparse モジュールで定義される関数はあまり多くない．例えば，要素ごとに
sin 関数を計算するには，モジュール関数としてでなく，オブジェクト（上の

例では csr_matrix クラス）メソッドとして呼び出す必要がある．また，疎行
列データの入出力には save_npz 関数と load_npz 関数を用いる．

　最後に疎行列に対する線形代数演算が実装されている sparse.linalg モジ
ュールについて簡単に紹介する[5]．逆行列を計算する linalg.inv，指数行列
の計算をする linalg.expm などは密行列に対する scipy.linlag モジュール
と同様に使用することができる．ここでは，sparse モジュールに特有の関数
として，実対称/エルミート疎行列の固有値問題を扱う linalg.eigsh と共役
勾配法により線形方程式を解く linalg.cg について，使い方を示そう．

```python
vecs = [2*np.ones(10), -np.ones(9), -np.ones(9)]
A_sp = sp.diags(vecs, offsets = [0,1,-1])
eig, vec = sp.linalg.eigsh(A_sp, k=3, which="SA")
    # 実対称/エルミート疎行列A_spの固有値，固有ベクトルを計算する
    # whichで指定した順にそってk個まで計算し，出力する
    # whichは"LM", "SM", "LA", "SA"が指定可能で，
    # Lは降順，Sは昇順を表し，M, Aは絶対値および値を表す
    # v0で対角化に用いる初期ベクトルを設定することもできる
print(eig)
>> [0.08101405 0.31749293 0.69027853]


def Av(v):
    ans = 2*v - np.roll(v,1) - np.roll(v,-1)
    ans[0], ans[-1] = ans[0]+v[-1], ans[-1]+v[0]
    return ans
LO = sp.linalg.LinearOperator((10,10), matvec=Av)
eig, vec = sp.linalg.eigsh(LO, k=3, which="SA")
    # 疎行列の代わりに行列作用素として渡すこともできる．
    # LinearOperatorは第一引数で行列の形状を指定し，
    # matvecなどで対応する演算を定義する
print(eig)
```

[5]https://docs.scipy.org/doc/scipy/reference/sparse.linalg.html

```
>> [0.08101405 0.31749293 0.69027853]

b = np.ones(10)
x, tol = sp.linalg.cg(A=L0, b=b)
  # 線型方程式Ax=bを解く．Aは疎行列でもLinearOperator
  # でもよいが，正定値対称である必要がある
print(x)
>> [ 5.  9. 12. 14. 15. 15. 14. 12.  9.  5.]
```

上の例では $y''(x) = -Ey$ の固有値問題や $y''(x) = -1$ の微分方程式を適当な差分化で解いている (境界条件は端点で $y(x) = 0$).

scipy.optimize

scipy.optimize は非線形方程式の根の探索と最適化問題を扱うモジュール[6]．根の探索は root_scalar 関数および root 関数，最適化問題は minimize_scalar 関数および minimize 関数で取り扱うことができる．それぞれさまざまなアルゴリズムが実装されており method オプションで指定できる（アルゴリズムごとに個別に用意された関数を用いることもできる）．method によって指定すべき引数が異なることが多いので，注意してほしい．

```
from scipy.optimize import root_scalar, root, minimize
f = lambda x, a : a*x**2 - 4
sol = root_scalar(f,args=(1,),method="bisect",bracket=(0, 5))
  # スカラー関数の根の探索．この例ではbisectで二分法を指定している
  # 二分法を指定する場合は根の探索範囲をbracketで指定する
  # xtol, rtolで絶対・相対許容誤差をそれぞれ指定できる
print(sol.root, sol.converged, sol.function_calls)
  # 戻り値はRootResultsクラスで，rootに解が格納されている
  # ほか，convergedは収束判定，function_callsは関数の評価回数など
>> 1.9999999999993179 True 44
```

---

[6]https://docs.scipy.org/doc/scipy/reference/optimize.html

```
fp = lambda x, a : a*2*x
sol = root_scalar(f,args=(1,),method="newton",x0=-4,fprime=fp)
   # ニュートン法を用いるなら初期値x0を指定する必要がある
   # fprimeにfの微分を指定，指定がなければ数値的に評価する
print(sol.root, sol.converged, sol.function_calls)
>> -2.0 True 12


f = lambda x, a: [x[0]**2+x[1]**2-a, x[1]-x[0]**3]
fp = lambda x, a: [[2*x[0], 2*x[1]],[-3*x[0]**2, 1]]
sol = root(f, x0=[2,2], args=(1,), method="hybr", jac=fp)
   # 多次元関数の根の探索．デフォルトのmethod(hybr)を用いている
   # x0で初期値，jacでヤコビアンを指定できる
   # broyden1のようにヤコビアンの数値評価を前提とするmethodでは
   # jacの指定方法が異なるので注意(指定しなくてもいい)
print(sol.x, sol.success, sol.nfev)
>> [0.82603136 0.56362416] True 14
   # それぞれ解，収束判定およびfの評価回数


f = lambda x : (x[0] + 1)**2 + (x[1] - 2)**2
sol = minimize(f, x0=(0,1))
   # f(x)を最小化するxを探す．境界や制限も条件として付与できる
   # デフォルトでは条件に応じてBFGS, L-BFGS-B, SLSQPを用いる
   # jac, hessでヤコビアンやヘッシアン，tolで許容誤差の指定など
print(sol.x)
>> [-1.00000002  1.99999999]


   # 境界に条件をつける場合は以下のようにする．
bnds = ((0, None), (0, None)) # x[0], x[1]ともに0以上
sol = minimize(f, x0=(0,1), bounds=bnds)
print(sol.x)
```

```
>> [0. 2.]

  # 制限はtypeとfunを指定(eq: fun==0, ineq: fun>=0)
  # 以下の例はx[0]-x[1]==0という制限を与える
cons = ({"type":"eq", "fun":lambda x: x[0] - x[1]})
sol = minimize(f, x0=(0,1), constraints=cons)
print(sol.x)
>> [0.5 0.5]
```

root_scalar 関数の戻り値は RootResults クラス，root, minimize_scalar,
minimize 関数の戻り値は OptimizeResults クラスとなっている．どのような
結果が格納されているのか，一度 Web ドキュメントをチェックしておくとよ
いだろう[7]（上の例で print(sol) としても確認できる）．

---

[7]https://docs.scipy.org/doc/scipy/reference/generated/scipy.optimize.
RootResults.html
https://docs.scipy.org/doc/scipy/reference/generated/scipy.optimize.
OptimizeResult.html

C さらに勉強したい人 のために

《**Python** プログラミングに関する参考書》

本書の Python に関する記述は，数値計算に必要な最小限の内容に限られている．セルフコンテインドになるようできるだけ努力したつもりであるが，Python をより体系立てて理解したい人や，本書で取り扱わなかったよりアドバンスドな内容を知りたい人は，例えば，

[1] Bill Lubanovic（著），鈴木 駿（監訳），長尾 高弘（訳）：「入門 Python3 第 2 版」，オライリージャパン (2021)

[2] David Beazley，Brian K. Jones：「Python Cookbook: Recipes for Mastering Python 3（第 3 版）」，O'Reilly Media (2013)

などを一読することをおすすめする．[2] は Python で可能なさまざまなアルゴリズムが掲載されている辞書的な本である．日本語のものがよければ Python2 系に準拠した第 2 版であるが，オライリージャパンから翻訳が出版されているので，そちらでもよいだろう．

また，本書でメインに扱った NumPy や SciPy などのライブラリの使用方法や，それを用いた数値計算・データ解析方法に関する参考書として，

[3] 中久喜健司：「科学技術計算のための Python 入門-開発基礎，必須ライブラリ，高速化」，技術評論社 (2016)

[4] Jake VanderPlas（著），菊池 彰（訳）：「Python データサイエンスハンドブック-Jupyter，NumPy，pandas，Matplotlib，scikit-learn を使ったデータ分析，機械学習」，オライリージャパン (2018)

もあげておこう．

本書では，Python で高速に動作するコードの書き方について，いくつかのテクニックを紹介してきたが，紙面の制約上触れられなかった内容も多い．これに関する参考書として

[5] Micha Gorelick（著），Ian Ozsvald（著），相川 愛三（訳）：「ハイパフォーマンス Python」，オライリージャパン (2015)
をあげておこう．アドバンスドな内容も含まれているが，効率的な Python コードを書くために必要な知識が詰まっている．C 言語や Fortran と組み合わせる方法や並列化の手法などもコンパクトにまとまっているので，それらの部分だけ参照するのもよいだろう．

最後に，Python や Python のライブラリは Web 上のドキュメントが充実しており，大抵の疑問はドキュメントとその引用文献を調べることで解決してしまう．例えば，以下のホームページには長い間お世話になるだろう．

- Python チュートリアル
  https://docs.python.org/dev/tutorial/index.html
- NumPy ドキュメント
  https://numpy.org/doc/
- SciPy ドキュメント
  https://docs.scipy.org/doc/scipy/reference/tutorial/index.html

ライブラリの詳細についてドキュメントを見てもわからない場合，ソースコードを読むのが最終手段である．Anaconda をインストールしている場合，(Anaconda のインストールフォルダ)/lib/python3.8/site-packages 以下に各パッケージのソースコードがあるので，それを参照するのもよいだろう．

《 数値計算全般に関する参考書 》

数値計算に関する良書は数多く存在するが，代表的なものとして，

[6] William H. Press, Saul A. Teukolsky, William T. Vetterling, and Brian P. Flannery：「Numerical Recipes 3rd Edition: The Art of Scientific Computing」，Cambridge University Press (2007)
をあげておこう．いわゆる古典的名著で，何度も版が重ねられている．

さまざまなアルゴリズムが掲載されているほか，参考文献が充実しているので，1 冊持っていると心強い．版を重ねるごとに内容も増量されており，著者の見識の広さに感心させられる．読み物的に読めるが学ぶべきところの多い本として，

[7] 伊理 正夫，藤野 和建：「数値計算の常識」，共立出版 (1985)

も紹介しておこう．また，物理学への応用を特に念頭に置いた本として，

[8] 坂井 徹：「計算物理学–コンピュータで解く凝縮系の物理（フロー式物理演習シリーズ）」，共立出版 (2014)

[9] 夏目 雄平，小川建吾：「計算物理 I」，朝倉出版 (2002)

[10] 夏目 雄平，植田 毅：「計算物理 II」，朝倉出版 (2002)

[11] 夏目 雄平，小川 建吾，鈴木 敏彦：「計算物理 III 数値磁性体物性入門」，朝倉出版 (2002)

などをあげる．これらの本は，数値計算のアルゴリズムだけでなく，物理学（特に物性物理学）の背景についても解説があるので，物理の勉強をしながら数値計算について学びたい，という人にはもってこいだろう．

《 そのほか本文中で引用した参考書 》

[12] 森 正武：「数値解析（共立数学講座）第 2 版」，共立出版 (2002)

[13] 長谷川 秀彦，ほか（著），日本計算工学会（編）：「固有値計算と特異値計算（計算力学レクチャーコース）」，丸善出版 (2019)

[14] 猪木 慶治，川合 光：「量子力学 1, 2」，講談社 (1994)

[15] 久保 健，田中 秀数：「磁性 I（朝倉物性物理シリーズ）」，朝倉書店 (2008)

[16] 川上 則雄，梁 成吉：「共形場理論と 1 次元量子系（新物理学選書）」，岩波書店 (1997)

[17] 田崎 晴明：「統計力学 1, 2（新物理学シリーズ）」，培風館 (2008)

[18] 青木 秀夫：「超伝導入門（物性科学入門シリーズ）」，裳華房 (2009)

[19] 山崎 郭滋：「偏微分方程式の数値的解法入門」，森北出版 (1993)

[20] N. Manton and P. Sutcliffe：「Topological Solitons」，Cambridge University Press (2004)

[21] 花田政範，松浦壮：「ゼロからできる MCMC マルコフ連鎖モンテカルロ

法の実践的入門」，講談社 (2020)

[22] 今田 正俊：「統計物理学」，丸善出版 (2004)

[23] Bernt Øksendal（著），谷口説男（訳）：「確率微分方程式」，丸善出版 (2012)

[24] N. G. Van Kampen（著）：「Stochastic Processes in Physics and Chemistry(3rd Edition)」，North-Holland Personal Library (2007)

[25] 藤澤 克樹，梅谷 俊治：「応用に役立つ 50 の最適化問題」，朝倉書店 (2009)

[26] 持橋 大地，大羽 成征：「ガウス過程と機械学習（機械学習プロフェッショナルシリーズ）」，講談社 (2019)

[27] J. Stoer and R. Bulirsch：「Introduction to Numerical Analysis (3rd ed.)」，Springer (2002)

索 引

著者紹介

野本拓也（のもと たくや）
2017 年　京都大学大学院理学研究科物理学・宇宙物理学専攻博士課程 修了
　　　　　博士（理学）
現　　在　東京大学先端科学技術研究センター 講師

是常　隆（これつね たかし）
2004 年　東京大学大学院理学系研究科物理学専攻博士課程 修了
　　　　　博士（理学）
現　　在　東北大学大学院理学研究科物理学専攻 准教授
著　　書　『物理数学—量子力学のためのフーリエ解析・特殊関数』共著（共立出版, 2021）

有田亮太郎（ありた りょうたろう）
2000 年　東京大学大学院理学系研究科物理学専攻博士課程 修了
　　　　　博士（理学）
現　　在　東京大学先端科学技術研究センター 教授
著　　書　『基礎系数学 ベクトル解析（東京大学工学教程）』共著（丸善出版, 2016）
　　　　　『基礎系物理学 量子力学 I（東京大学工学教程）』（丸善出版, 2020）
　　　　　『高圧下水素化物の室温超伝導』（共立出版, 2022）
　　　　　『多体電子構造論』（内田老鶴圃, 2022）

フロー式 物理演習シリーズ 22

実践計算物理学
—物理を理解するための Python 活用法—

Computational Physics
Practical Use of Python for
Studying Physics

2023 年 1 月 15 日　初版 1 刷発行
2023 年 3 月 1 日　初版 2 刷発行

著　者　野本拓也・是常　隆　ⓒ 2023
　　　　有田亮太郎

監　修　須藤彰三
　　　　岡　真

発行者　南條光章

発行所　**共立出版株式会社**
東京都文京区小日向 4-6-19
電話　03-3947-2511（代表）
郵便番号　112-0006
振替口座　00110-2-57035
URL www.kyoritsu-pub.co.jp

印　刷　大日本法令印刷

製　本　協栄製本

検印廃止
NDC 421.5

ISBN 978-4-320-03576-8

一般社団法人
自然科学書協会
会員

Printed in Japan

基本法則から読み解く 物理学最前線

須藤彰三・岡 真［監修］

【各巻：A5判・並製・税込価格】
（価格は変更される場合がございます）